城市地理信息系统基础案例分析

主编　许小兰　伍杨屹　周俊　窦凯丽

U0249972

WUHAN UNIVERSITY PRESS

武汉大学出版社

图书在版编目(CIP)数据

城市地理信息系统基础案例分析／许小兰等主编 . -- 武汉 ：武汉大学出版社,2024.12. -- ISBN 978-7-307-24637-9

Ⅰ. TU984

中国国家版本馆 CIP 数据核字第 2024KE7609 号

责任编辑:任仕元　　　责任校对:汪欣怡　　　版式设计:韩闻锦

出版发行:**武汉大学出版社**　　(430072　武昌　珞珈山)

(电子邮箱:cbs22@ whu.edu.cn 网址:www.wdp.com.cn)

印刷:湖北诚齐印刷股份有限公司

开本:787×1092　1/16　印张:10.75　字数:238 千字　　插页:1

版次:2024 年 12 月第 1 版　　2024 年 12 月第 1 次印刷

ISBN 978-7-307-24637-9　　定价:45.00 元

内 容 简 介

    本书涵盖了从基础到高级的多种 GIS 技术应用。书中的案例不仅涵盖校园地图的创建等基础操作，也涵盖高级技术应用，如日照分析、水文分析等。书中不仅详细介绍了 GeoScene Pro 软件的各项功能，更强调了理论与实践的紧密结合，旨在培养读者在实际工作中运用 GIS 理论的能力。

    本书每个章节均围绕一个特定的规划目标展开，介绍了从数据集的选择到数据处理和分析的完整流程，最终指导读者形成切实可行的规划建议。章节设计既考虑了 GIS 初学者的学习需求，也满足了专业人士对 GeoScene Pro 高级功能探索的需求。通过丰富的案例分析和详尽的操作指导，不仅能够帮助读者快速掌握 GIS 技术，而且能够帮助读者有效地将 GIS 技术应用于实际的城乡规划场景中。

    本书适合作为 GIS 及相关专业本科生、研究生的课程教材，也可供从事城乡规划、地理信息科学研究和应用的专业人士参考。无论是 GIS 初学者还是资深用户，都能从本书中获得宝贵的知识和技能。

前　　言

本书旨在帮助读者掌握并高效应用 GeoScene Pro 软件于多样化的城市规划场景中，通过深入剖析一系列精选案例，包括校园地图制作、拓扑关系的建立、地图投影转换、数据统计分析、选址分析、空间计量分析、土地分析、水文分析、日照分析等，全面展示 GeoScene Pro 在现实城市规划与管理中的功能与灵活性，为读者提供具体而实用的学习路径。

本书的核心不仅在于软件操作的指导，更在于构建理论知识和实际应用之间的桥梁。GIS 技术在城乡规划中的广泛应用兼具适用性与普适性。本书详细阐释了 GeoScene Pro 软件的关键功能，并通过多种案例演示了这些功能在不同场景下的应用，旨在帮助读者理解并运用这些工具解决实际问题。在案例介绍中，本书详尽地展示了项目从起始阶段到最终成果的完整流程，包括数据源选择与获取、数据处理的高效性与有效性、GeoScene Pro 中的分析工具应用，以及如何将分析结果转化为切实可行的规划建议。

本书使读者不仅能学会软件操作，更能深入理解软件在解决现实问题中的应用。通过逐步的操作和详尽的案例分析，使读者能够轻松上手。各章节设计为相对独立的单元，便于读者根据个人需求与兴趣选择学习。

本书还是一本旨在提升城市规划专业人员 GIS 应用技能的实用教材。通过本书的学习，读者不仅能掌握 GeoScene Pro 软件的操作技巧，还能深入领会其在各类城市规划场景中的应用价值，从而在实际工作中更加游刃有余。

在此，我们特别感谢易智瑞信息技术有限公司的张聆、李莉、刘勇等领导和技术人员的帮助与支持。感谢武汉大学王蕴涵、陶梦霖、曾佳颖、覃梦瑶、陈歆缘、滕雅婷、鲍冬婷、刘妹、王宸烁、欧阳卉子等同学的协助，感谢武汉大学城市设计学院 2024 级建筑学大类学生对本书操作步骤的验证。

鉴于编者水平有限，加之时间仓促，书中难免有疏漏或不当之处，恳请广大读者不吝赐教，提出宝贵意见。

目　　录

GeoScene Pro 软件介绍

一、GeoScene 平台概览

GeoScene 是易智瑞信息技术有限公司在国际领先的 GIS 引擎的基础上针对中国用户打造的智能、强大的新一代国产地理信息平台。平台以云计算为核心，并融合各类最新 IT 技术，提供了丰富、强大的 GIS 专业能力。

GeoScene 具备 GIS 技术的前沿性、强大性与稳定性等特点，并面向国内需求，在国产软硬件兼容适配、安全可控、用户交互体验等方面具有得天独厚的优势。

二、GeoScene 平台体系

GeoScene 平台产品组成丰富，从云端到客户端，再到平台扩展开发，为不同的应用模式与业务场景以及不同的用户角色，提供了完整、灵活的选择空间。

1. 云端提供强健的线上、线下云 GIS 基础设施

GeoScene 提供公有云平台 GeoScene Online 和服务器产品 GeoScene Enterprise。

GeoScene Online 是易智瑞在线运营维护的公有云平台，为用户提供了一个基于云的、完整的、协作式的地理信息内容管理与分享的工作平台。用户可随时随地通过各种终端设备访问和使用平台资源。

GeoScene Enterprise 可帮助用户在自有环境中搭建地理空间云平台，它提供了一个全功能的制图和分析平台，包含强大的 GIS 服务器及专用基础设施，方便用户组织和分享工作成果，使用户可随时、随地、在任意设备上获取地图、地理信息及分析能力。

2. 丰富的客户端应用，覆盖多元业务场景

GeoScene 覆盖三大主流客户端，从产品形态及应用场景来看，包括即用型以及定制开发两大类。其中，即用型桌面端提供 GeoScene Pro，适用于专业 GIS 人群以及专业 GIS 工作；Web 端提供 Map Viewer、Scene Viewer、GeoAnalytics Plus、地图故事等应用，组织中的业务人员可以快速上手，实现制图与可视化、大数据挖掘分析、搭建轻量级应用等工作；移动端提供离线数据采集应用等相关产品。

同时，GeoScene 还面向开发人员，提供多种开发 APIs，以满足业务定制化需要：

提供 JavaScript API、Runtime SDKs 等 Web、桌面、移动端丰富 APIs，帮助用户实现应用创新，开创无限可能。

三、GeoScene Pro 软件简介

GeoScene Pro 是新一代国产地理空间云平台的专业级桌面软件，不仅拥有强大的数据编辑与管理、高级分析、高级制图可视化、影像处理能力，还具备 2D 与 3D 融合、人工智能、知识图谱、数据治理、大数据分析等特色功能。同时，GeoScene Pro 可与GeoScene 地理空间云平台无缝对接，实现与云端资源的高效协同与共享。

四、GeoScene Pro 软件核心能力

1. 数据管理与编辑

数据管理与编辑能力是 GeoScene 平台的基础能力之一，其通过一整套用于存储、编辑、评估和管理的工具确保了数据的完整性和准确性。

GeoScene Pro 允许使用适合用户工作流的方法存储 GIS 数据，支持在单用户和多用户编辑环境中管理地理空间数据，提供适合的编辑工具、行业模板、域和子类型，简化编辑过程并保障数据完整性。GeoScene Pro 还包含一整套用于检查空间关系、连通性和属性准确性的工具。

2. 2D 与 3D 融合

2D 与 3D 融合是 GeoScene Pro 软件的重要能力之一。使用 GeoScene Pro，可以在同一个工程中加载和显示 2D 与 3D 数据，实现 2D 与 3D 数据的浏览、编辑、制图可视化等操作。通过 2D 和 3D 视图的联动，极大地提高了信息获取的效率。GeoScene Pro 还提供丰富的 2D 和 3D 数据编辑工具，可以创建图层和要素、添加属性信息、进行数据更新以及符号化渲染等。

3. 高级制图与可视化

GeoScene Pro 在制图与可视化能力上兼具通用性与创新性，提供功能丰富的符号化系统，用于创建精美地图，包含特定行业的制图模板，实现自动化快速配图，使得制图可视化成果兼具美观性、交互性和信息性。同时，注重制图可视化功能界面设计，用户使用起来更加简单、方便，极大地提高了制图工作效率。此外，GeoScene Pro 还拥有更多高级的可视化能力，例如动画制作、使用动画符号、动态要素聚合、建立时空立方体等。

4. 空间分析

空间分析是 GeoScene 平台的核心能力之一。空间分析借助地理学的视角来理解整

个世界，例如探究事物的空间分布规律以及事物间的空间关系，洞悉空间分布模式，预测事物的空间变化情况，进而帮助决策。GeoScene Pro 软件包含极其丰富的分析工具，这些工具多达 1200 余种，既可以帮助解决基础的问题，诸如最优路径、选址、变化监测等，还可以结合先进的 IT 技术，突破创新，提供如矢量及栅格大数据分析、人工智能等高级分析功能，满足用户各种空间分析需求。在性能上，GeoScene Pro 软件支持跨多个进程，并利用多核优势进行并行计算，提高了地理信息处理效率。

5. 影像处理

GeoScene Pro 作为 GeoScene 地理空间云平台桌面端的重要入口，不仅能够实现对单景影像的基本处理，还能够通过镶嵌数据集方式对多景影像实现存储、管理、实时处理和共享。GeoScene Pro 还能够利用 GeoScene Image Server 提供的栅格大数据分析能力，极大提高海量影像数据的处理效率，并能够将处理结果便捷共享到平台。

GeoScene Pro 影像处理的能力具体体现在：管理来自多个源的影像，这些源包括卫星、航空和无人机、全动态视频、高程、雷达等；可执行要素提取、科学分析、时间分析等操作来分析影像；动态处理功能可防止数据重复并减少需要存储的影像数量，可轻松更新和处理新影像，包括正射校正、全色锐化、渲染、增强、过滤和地图代数功能；支持立体测图和透视模式解译影像。

6. GeoAI

GeoScene Pro 与人工智能持续紧密融通，实现了人工智能与地理空间的结合——GeoAI。GeoScene Pro 集成了主流的机器学习框架，实现了遥感影像分类、空间数据聚合与预测分析；内置先进的机器学习和深度学习的方法与模型，包含样本制作、模型训练和推理全流程，支持影像地物分类、目标检测、视频识别、点云分类、要素分类、对象追踪，为空间环境系统提供了强有力的支持，可以更准确地洞悉、分析和预测周围环境。

7. 知识图谱

知识图谱以结构化的方式描述客观世界中的实体、概念、事件及其之间的关系。GeoScene Pro 融合知识图谱技术，能够探索与分析空间和非空间、结构化和非结构化数据，以提高决策制定的速度。软件使用地图、链接图表、直方图和实体卡片等多种视角将知识图谱中的信息可视化，以解决空间和非空间问题。对于带有空间属性的实体，软件还支持利用已有的地理处理工具进行空间分析。

8. 连接与共享

协同工作是 GeoScene Pro 的重要能力，可以把数据、分析结果、地图、文件甚至整个工程在组织内部进行打包共享，方便多部门协同工作；也可以将图层和地图发布为 Web 端图层、服务等类型，通过浏览器或移动设备就可以轻松访问和使用地图资源，并将其作为访问对象，构建 Web 端应用程序。

五、GeoScene Pro 软件扩展模块

1. 扩展模块简介

GeoScene Pro 提供功能众多的扩展模块，扩展模块与 GeoScene Pro 无缝集成，可提高生产力和分析能力。扩展模块独立于核心产品，需单独购买和授权。获取扩展模块授权后，可以使用相应的地理处理工具。

2. 三维分析扩展模块

三维分析扩展模块用于在三维(3D)环境中创建、显示和分析 GIS 数据。支持创建和分析以栅格、Terrain、不规则三角网(TIN)和 LAS 数据集格式表示的表面数据；允许将各种格式数据转换成三维数据；提供将多源三维数据(如手工精细模型、倾斜模型、BIM、点云等)转换成指定格式的能力；包含几何关系和要素属性分析、栅格和各种 TIN 模型的插值分析以及表面属性分析。

3. 地统计分析扩展模块

地统计分析扩展模块提供了用于高级表面建模和数据探索的工具。支持用户使用多种不同统计方法创建插值模型，以确定趋势、空间差异、聚类。地统计分析模块还支持对模型进行交叉验证或采用其他诊断方式进行评估。

4. 栅格空间分析扩展模块

栅格空间分析扩展模块用于创建和分析栅格数据以及执行栅格和矢量数据集成分析。通过此扩展模块，可以使用多种数据格式来组合数据集、解释新数据和执行复杂的栅格操作。例如 Terrain 分析、地表建模、表面插值、适宜性建模、水文分析、统计分析和影像分类。

5. 网络分析扩展模块

网络分析扩展模块提供基于交通网络的分析工具，用于解决复杂的配送问题。可配置表示道路网络要求的交通网络数据模型，分析最短路径，为整个车队规划路线、计算行驶时间、定位设施以及解决其他与交通网络相关的问题。

6. 影像分析扩展模块

影像分析扩展模块可提供用于可视化、测量和分析影像数据的工具，提供在影像空间处理倾斜影像、执行影像分类、解译具有立体映射功能的 3D 要素数据、利用各种影像处理工具和函数分析影像数据的能力。

实验一　武大校园专题图的制作

一、实验的目的和意义

专题地图是通过使用多种图形样式表达基础信息的地图，能使数据以更加直观的形式展现，为科学决策提供依据。武汉大学地处湖北省武汉市武昌区，坐落于珞珈山麓、东湖之滨，校园面积广大，校内地形复杂。不论是对于校内师生还是校外游客而言，绘制一幅精确、标注清晰的校园专题图都非常必要。通过专题图，可以辅助进行设施布局、人群聚集等诸多类型的空间分析和评价，校园专题图也是校园规划建设的重要依凭。基于此，本实验以 GeoScene Pro 软件为依托，绘制一幅表达精准、标注美观的武汉大学校园专题地图，以期为校内师生及游客提供便利，为校园建设提供帮助。同时也希望将此作为典型案例，提升学生对 GeoScene Pro 软件中图层要素添加、符号系统调整等基础操作的熟练程度，为后续的学习奠定基础。

二、实验内容

(1)学习 GeoScene Pro 中项目工程创建、图层要素添加等操作；
(2)学习图层显示顺序的排列逻辑；
(3)学习符号系统中的分级符号设置方法；
(4)学习道路线划交会的处理方式；
(5)学习要素注记的添加方法；
(6)学习地图整饰操作及成图的输出方法。

三、实验数据

本实验中所用数据如表 1.1 所示。

表 1.1　　　　　　　　　　　　　实验数据表

数　据	类　型	数据格式
校门位置(校门)	点要素	.shp
武汉大学各级道路(道路)	线要素	.shp

数　　据	类　　型	数据格式
武汉大学校园范围(Whu 边界)	面要素	. shp
武汉大学建筑用地(Whu 建筑)	面要素	. shp
武汉大学体育场所(Whu 体育)	面要素	. shp
武汉大学校外栈道(Whu 栈道)	面要素	. shp
武汉大学闲置场所(Whu 空地)	面要素	. shp
武汉大学广场(Whu 广场)	面要素	. shp
武汉大学娱乐场所(Whu 娱乐场所)	面要素	. shp
武汉大学自然要素(Whu 自然)	面要素	. shp
武汉大学土地利用(Whu 土地利用)	面要素	. shp

四、实验流程

在 GeoScene Pro 中实现武汉大学校园专题图制作，主要分为创建工程文件、添加图层要素、调整图层顺序、设置图层符号、添加图层标注、添加整饰要素和导出专题图等多个步骤。首先，在 GeoScene Pro 软件中创建一个新的工程文件，将所需数据添加到工程文件之中；然后，根据不同要素的重要性和压盖关系调整要素图层间的顺序；随后，根据各要素的现实意义将其所包含的多元信息进行分级显示，并添加重要地点的标注；最后，添加图名、指北针、比例尺、图例等必要整饰要素，完成地图制作的最后步骤，并按所需格式导出成图。

具体流程如图 1.1 所示。

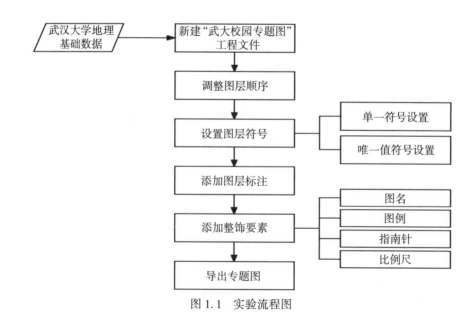

图 1.1　实验流程图

五、操作步骤

(1)新建工程文件。打开 GeoScene Pro，单击【新建文件地理数据库(地图视图)】创建一个新工程文件，命名为"武大校园专题图"。文件存储位置可根据需要修改，单击右侧文件夹图标即可浏览各磁盘内容(图1.2)。单击【确定】。

图1.2　创建工程文件

(2)添加所需数据。单击导航栏中的【添加数据】(图1.3)，选择数据文件中的武汉大学相关要素文件(包括名为"Whu 边界""Whu 广场""Whu 建筑""Whu 空地""Whu 体育""Whu 土地利用""Whu 娱乐场所""Whu 栈道""Whu 自然""道路"和"校门"的文件)，单击【确认】，向地图中添加武汉大学及周边部分地区地理基础数据(图1.4)。

图1.3　"添加数据"步骤导航栏

(3)调整图层顺序。在左侧的【内容】|【绘制顺序】|【地图】中通过上下拖动来调整要素图层的压盖顺序，根据表1.2中所示顺序进行重新排列，遵循从上至下分别为"点要素—线要素—面要素"的压盖逻辑，优先级越小即代表该图层位于越上层的位置(图1.5)，最终保证各要素之间的压盖关系合理(图1.6)。

图 1.4 武汉大学及周边部分地区地理基础数据

表 1.2   要 素 顺 序

数 据	类 型	优先级
校门	点要素	0
道路	线要素	1
Whu 建筑	面要素	2
Whu 体育	面要素	3
Whu 娱乐场所	面要素	4
Whu 栈道	面要素	5
Whu 广场	面要素	6
Whu 自然	面要素	7
Whu 土地利用	面要素	8
Whu 空地	面要素	9
Whu 边界	面要素	10

(4)调整边界符号系统。用地边界指规划用地与城市道路或其他用地之间的分界线，是明确制图对象范围的关键要素，需突出表达。在左侧的【内容】|【绘制顺序】|【地图】中选择"Whu 边界"这一图层，右键单击图层后选择【符号系统】(图 1.7)，在符号系统中左键单击【主符号系统】|【符号】对应的着色矩形框(图 1.8)，选择【属性】，将【外观】|【颜色】调整为无颜色，【轮廓颜色】调整为红色，【轮廓宽度】调整为 0.5pt，最后单击【应用】(图 1.9)。

图 1.5　图层绘制顺序调整　　图 1.6　武汉大学及周边部分地区地理基础数据(重新排列后)

图 1.7　选择图层符号系统操作

图 1.8　选择边界符号

图 1.9　调整边界符号

（5）调整建筑要素符号系统。在左侧的【内容】|【绘制顺序】|【地图】中选择"Whu 建筑"这一要素，右键单击图层后选择【符号系统】，在符号系统中左键单击【主符号系统】下方的下拉框，将"单一符号"更改成"唯一值"（图 1.10）。

在 GIS 相关软件中，对要素的符号化显示有多种方法可供选择。"单一符号"指整个图层中的所有要素都使用相同的符号进行表示，适用于不需要区分属性或类别的图层；"唯一值"可以为图层中的每一个唯一要素赋予不同符号，确保每个要素都能根据其属性类别被赋予独特的视觉表示；"分级色彩"等按数量符号化方法则可表现图层中每一要素的具体属性值在空间上的分布。

由于本实验的重点在于显示不同类型建筑的空间分布，且"Whu 建筑"数据对信息的表达是基于类别而非数值，故采用"唯一值"方法。随后，将【字段 1】设置为"fl"字段，完成后可以在【配色方案】中选择色带自动调整对应类型的颜色，也可以在下方操作栏中通过单击各值前面对应的填色矩形框来单独调整某一个值的颜色（图 1.11），具体操作同步骤（4）。

图 1.10　将"单一符号"更改成"唯一值"

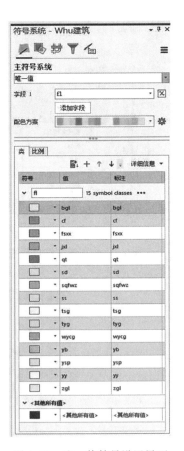

图 1.11　唯一值符号设置界面

（6）调整其余面状要素符号系统。参照步骤（5）中的方法对"Whu 自然""道路"和

"Whu 土地利用"三个要素进行符号系统调整。对于"Whu 自然"要素,可将其视为由"植被覆盖"与"水体"两部分组成,故首先将【字段 1】设置为"fl"字段,然后将"grassland"和"wood"调整为绿色,将"water"调整为蓝色(图 1.12);对于"道路"要素,可将其视为由"机动车道"与"人行道"两部分组成,故首先将【字段 1】设置为"highway"字段,然后将"pedestrian""footway""steps"用同种符号表达以表示人行道,其余值设置为另外一种符号表示机动车道(图 1.13);对于"Whu 土地利用"要素,可将其视为由"植被"与"其他"两部分组成,故首先将【字段 1】设置为"fl"字段,然后将"farmland""forest""grass"设置为与"grassland"和"wood"图层相同的绿色以共同表达植被,其余值设置为另外一种颜色以表达其他用地类型(图 1.14)。

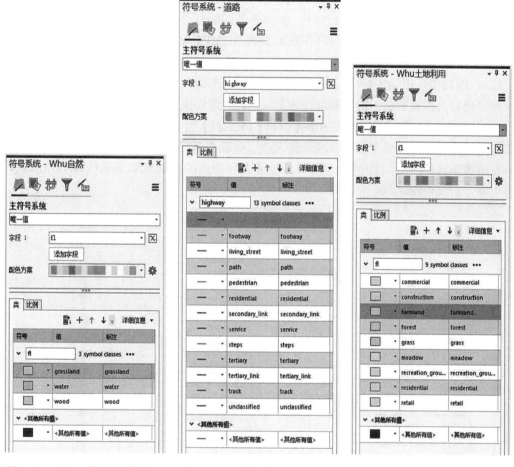

图 1.12 "Whu 自然"要素唯一值符号设置界面　　图 1.13 "道路"要素唯一值符号设置界面　　图 1.14 "Whu 土地利用"要素唯一值符号设置界面

(7)针对路网的符号设计需要考虑双线路交叉路口的处理。在左侧的【内容】|【绘制顺序】|【地图】中选择"道路"要素,右键单击图层后选择【符号系统】,在右侧符号系

统工具栏中选择【符号图层绘制】，开启符号图层绘制按钮(图1.15)，就可以避免交叉路口出现道路压盖问题。

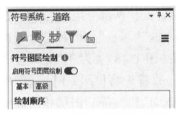

图1.15　道路符号图层绘制设置

(8)添加校门标注。在左侧的【内容】|【绘制顺序】|【地图】中选择"校门"要素，右键单击图层后选择【标注】(图1.16)，添加各校门的标注，再右键单击后选择【转换标注】|【标注转换为注记】(图1.17)，在右侧操作栏中【输出地理数据库】处选择当前文件"武大校园专题图.gdb"，将输出图层命名为"武大校门注记"，单击【运行】(图1.18)。随后便可根据实际情况对图面上校门注记进行调整。由于数据原因，武汉大学校门注记与自然要素注记的名称属性表是null，同学们执行【标注】命令时可能会出现乱码，可以先单击页面上部菜单栏中的【编辑】|【工具】|【注记】(图1.19)，随后单击需要修改的注记，便可选中从而实现调整大小、修改内容等操作。若需删除注记，则选中后点击菜单栏中【删除】即可。调整时，注意内容表达的准确性和美观性，具体修改内容可参考后文中图1.20。

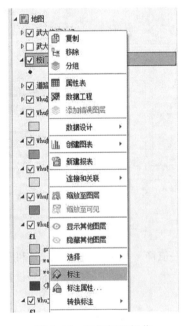

图1.16　添加标注操作

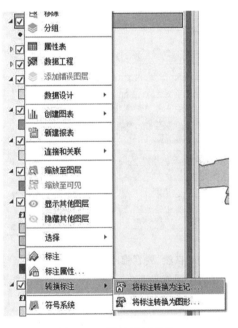

图1.17　转换注记操作

图 1.18 输出图层注记设置

图 1.19 编辑注记操作

(9)添加建筑标注。在左侧的【内容】|【绘制顺序】|【地图】中选择"Whu建筑"要素，同前文所述步骤(8)向地图中添加各建筑标注并将其转换为注记。由于武大校内建筑较为密集，全部标注会使图面显得较为冗杂，故可再次利用菜单栏中的【编辑】|【工具】|【注记】工具对注记进行调整，将重要建筑物(如教学楼、学院办公楼、体育场、食堂等)的注记保留，重要性稍低的建筑物注记可以适当省略。在点选要素时，按住"shift"，可同时选中多个注记；按住"ctrl"点选，则可取消对某注记的选择。

(10)添加自然要素标注。对于重要水域、山体等自然要素的标注可以通过同步骤(8)(9)所述的方式进行添加调整(图1.20)。

(11)调整图面。检查现有图面，可根据情况再次适当调整各要素的线型、颜色等样式，以保证图面整体表达清晰、色彩协调、幅面美观，比如可将武汉大学边界外的要素(建筑、用地等)调整为灰色或无色，从而突出对主体内容的表达。此外，GeoScene Pro软件在【符号系统】中也提供了大量可供选择的图库(图1.21)，可选用其中的合适样式辅助表达。

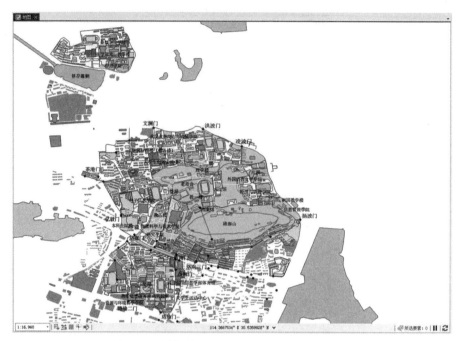

图 1.20　添加并调整注记后的武大校园专题图

图 1.21　软件提供的图库(以线要素为例)

　　(12)建立图纸布局。在页面上部菜单栏中单击【插入】|【新建布局】，选择竖版 A3
(图 1.22)，进入布局页面。

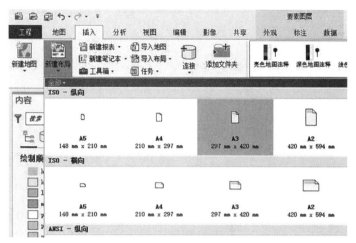

图 1.22 新建布局操作

(13)调整地图显示。打开布局视图，在页面上部菜单栏中单击【插入】|【地图框】，选择【默认范围】，添加调整后的武大校园专题图，通过菜单栏中【布局】|【地图】|【固定比例放大/缩小 ⚹ ⚹】适当调整地图比例尺大小(图 1.23)，同时拖动地图周边矩形框以改变显示范围，最终使专题图所需表达的重要元素(武汉大学校园)充满但不超出A3 布局图面。

图 1.23 地图缩放操作

(14)添加指北针、比例尺和图例。在页面上部菜单栏中单击【插入】|【地图整饰要素】(图 1.24)，选择合适样式的指北针、比例尺和图例插入图面。若需修改比例尺样式，可双击插入的比例尺，在右侧【元素】操作栏中进行微调(图 1.25)；若需修改图例样式，可单击插入的图例，在右侧【元素】操作栏中进行名称修改、图例项筛选、添加底色和边框等操作(图 1.26)，还可在左侧【内容】中右键单击添加的图例，选择【转换为图形】(图 1.27)，根据重要程度进行筛选和排列。

图 1.24 插入地图整饰要素操作

图 1.25 调整比例尺样式操作   图 1.26 调整图例样式操作   图 1.27 调整图例顺序和内容操作

（15）添加边框及图名。在页面上部菜单栏中单击【插入】|【地图框】|【矩形】插入地图框和图名，右击地图框，选择【属性】|【元素】，在右侧【元素】操作栏中将图纸名称修改为"武汉大学专题图"（图 1.28），并根据实际情况调整地图框样式。若需在图面上额外添加文字，可在页面上部菜单栏中单击【格式】|【图形和文本】（图 1.29）于图面上所需处单击新建矩形框，在右侧操作栏中输入文字即可。

图 1.28 地图框样式及图纸名称修改

图 1.29 添加文本操作

(16)导出成图。在页面上部菜单栏中单击【共享】|【输出】|【导出布局】(图1.30),打开右侧【导出】操作框。在【文件类型】处可选择 jpeg、png 等多种导出格式,本实验选择 jpeg 格式;在【名称】处选择目标文件夹路径,并将导出文件名改为"武大校园专题图";在【压缩】和【分辨率】处可通过设置来决定导出文件的质量,本实验选择"300DPI"作为导出分辨率,其余选项保持默认,单击【导出】(图1.31)。

(17)打开步骤(16)中选择的目标文件夹,即可查看导出的武汉大学校园专题图(图1.32)。

图 1.30　导出布局操作

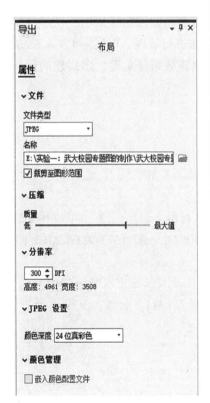

图 1.31　导出成图操作

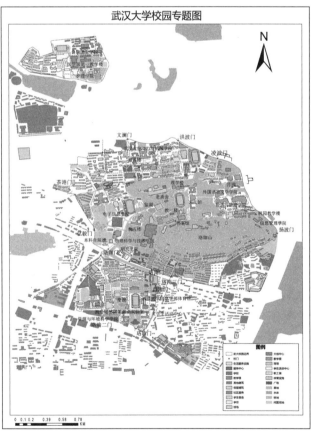

图 1.32　导出的武汉大学校园专题图

17

六、总结与思考

本实验借助 GeoScene Pro 软件，利用点、线、面三种类型的矢量数据，通过创建工程文件、添加图层要素、调整图层顺序、设置图层符号、添加整饰要素等步骤完成了对武汉大学校园专题图的制作，展示了专题图绘制的基本流程。

在实践过程中，有以下几点值得注意：

(1)保证制图对象的完整表达。在制图中应尽量避免出现内容缺失、信息遮盖等情况。以武汉大学为例，为完整表达校园范围，应保证医学部和其他学部出现在同一幅图中，若无法保证，则应重新添加一张医学部的附图进行表示，同时搭配一张武汉大学全览图来展现医学部与其他学部的位置关系。

(2)理解图上符号与地理实体间的联系关系。在符号设计中应保证重要物体表达明显，植被、水体等特殊要素的颜色应符合常理。

(3)注意主体要素的突出表达。在制图中可适当弱化除主体要素之外的信息，以凸显图面表达重心。如为凸显武汉大学的图面主体地位，可将校园边界外地区的建筑物设计为灰色，在实际操作过程中也可以直接将其删除。

(4)尝试更多制图方法的运用。本实验出于数据特点和篇幅限制等原因，所涉及的方法以 GIS 绘图中的基础操作为主，并未对更多制图方法进行展现。但实际上 GeoScene Pro 软件还可实现许多制图特效，如灯光图绘制、房屋立体效果显示等，感兴趣的同学可在课下自行查询并学习。

◎ **本实验参考文献**

[1]魏韡，陈昊．基于 ArcGIS 与 Illustrator 的长城专题影像图制作[J]．遥感技术与应用，2009，24(5)：670-673，555.

[2]张丹华，石军南，陈传松，等．基于 GIS 的林业专题制图方法优化[J]．中南林业科技大学学报，2012，32(10)：173-178. DOI：10.14067/j.cnki.1673-923x.2012.10.037.

[3]周婕，牛强．城乡规划 GIS 实践教程[M]．北京：中国建筑工业出版社，2017.

[4]汤国安，杨昕. ArcGIS 地理信息系统空间分析实验教程[M]．北京：科学出版社，2012.

实验二　数据处理与投影变换

一、实验的目的和意义

学习 GeoScene Pro 中的数据处理与投影变换功能，以便提高地理数据处理的准确性和效率。数据处理包括裁剪、拼接、提取等，旨在对空间数据进行处理并获取需要的数据。投影变换将经纬度坐标转换为平面坐标，以便更准确地表示地理位置，学习如何处理空间参考系和坐标变换，以确保数据在不同投影下的一致性和准确性。这些对于城乡规划专业的学生和地理信息从业者来说至关重要。

二、实验内容

(1)学习 GeoScene Pro 中的裁剪功能，进行矢量数据的裁剪；
(2)学习 GeoScene Pro 中的按掩膜提取功能，进行栅格数据的裁剪；
(3)学习 GeoScene Pro 中的合并功能，进行矢量数据的合并；
(4)学习 GeoScene Pro 中的镶嵌至新栅格功能，进行栅格数据的拼接；
(5)学习 GeoScene Pro 中的筛选功能，进行矢量数据的提取；
(6)学习 GeoScene Pro 中的按属性提取功能，进行栅格数据的提取；
(7)学习 GeoScene Pro 中的投影功能，转换矢量数据的投影坐标；
(8)学习 GeoScene Pro 中的栅格投影功能，转换栅格数据的投影坐标。

三、实验数据

本实验所需数据见表 2.1。

表 2.1　　　　　　　　　　　　　实验数据表

数　　据	类型	数据格式
中国土地利用遥感监测数据集	栅格数据集	文件系统栅格
武汉市矢量行政边界	面状要素	. shp
武汉市交通网	矢量数据	. shp

续表

数 据	类 型	数据格式
武汉大学边界	面状要素	. shp
武汉市铁路网	矢量数据	. shp
数字高程数据 113E	栅格数据集	. img
数字高程数据 114E	栅格数据集	. img

四、操作步骤

将数据全部导入新创建的项目中。

1. 矢量数据裁剪

(1)搜索【裁剪】功能,在【输入要素或数据集】选择"武汉市_交通路网",【裁剪要素】选择"Whu边界",【输出要素或数据集】命名新要素为"武汉大学交通路网"。如图2.1裁剪功能界面。点击【运行】。此步骤旨在将武汉市的交通路网文件利用武汉大学边界裁剪得到武汉大学内部交通路网,以便于后续进行聚焦于武汉大学内的分析与研究。

(2)由武汉大学边界裁剪武汉市交通网,得到如图2.2所示的武汉大学内部交通网。右击得到的图层,打开【属性表】,查看其字段表下方数据量,与裁剪之前的武汉市交通图字段表进行对比,数据量明显变化。如图2.3所示。

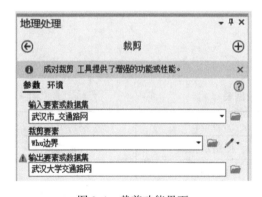

图 2.1　裁剪功能界面

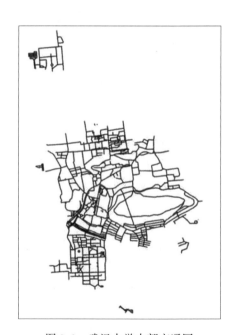

图 2.2　武汉大学内部交通网

图 2.3　两者属性表对比

2. 栅格数据裁剪

（1）搜索【按掩膜提取】功能，【输入栅格】选择"Id2020 投影变换"，【输入栅格数据或要素掩膜数据】选择"武汉市-市界"，【输出栅格】位置选择之前创建的"输出"文件夹，并命名新要素为"武汉市用地"。如图 2.4 所示。点击【运行】。此步骤旨在将全国的用地类型栅格文件通过武汉市边界处理得到武汉市的用地类型，以便于后续进行聚焦于武汉市内的分析与研究。

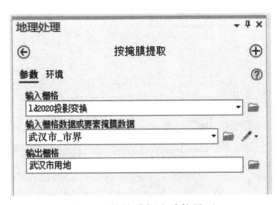

图 2.4　按掩膜提取功能界面

（2）由武汉市边界裁剪 2020 年用地分类栅格数据，得到武汉市用地分类。如图 2.5 所示。右击得到的图层，打开【属性】，查看其栅格信息中栅格的行列数，与裁剪之前的全国用地的栅格行列数量对比，数据量明显变化。如图 2.6 所示。

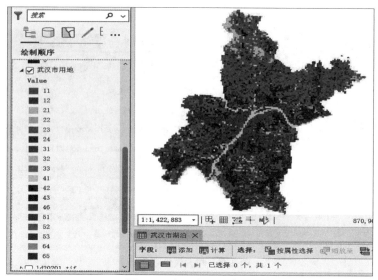

图 2.5　武汉市用地分类

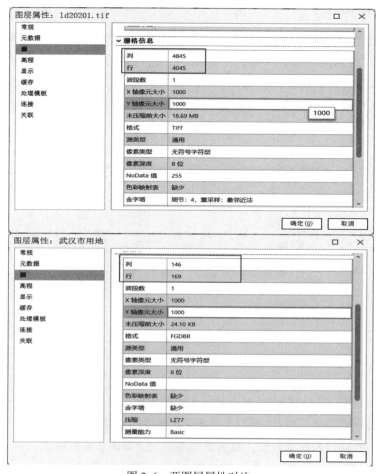

图 2.6　两图层属性对比

3. 矢量数据合并

(1)搜索【合并】功能(数据管理工具),【输入数据集】选择"武汉市铁路"与"武汉市交通路网",旨在合并武汉市的铁路网和道路网。【输出数据集】命名为"武汉市铁路与公路"。如图 2.7 所示。

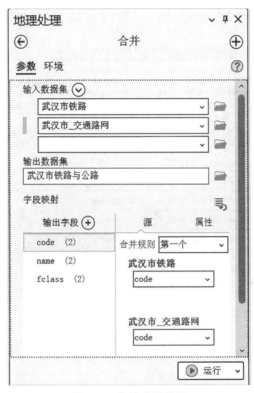

图 2.7　合并功能界面

(2)右击图层"武汉市铁路"和"武汉市交通路网"打开两者的属性表,如图 2.8 所示。两者属性表内字段"code"表示铁路或道路类型编码,"fclass"表示类型名称,"name"表示铁路或道路名称,我们在合并两个数据集时要匹配并保留这三个共有的字段,便于合并两个数据集时字段匹配。

(3)在右侧刚刚使用过的【合并】工具界面的下方找到【字段映射】,保留刚刚提到的【code】【name】【fclass】字段,右键点击并移除多余字段。点击输出字段【fclass】,右侧【源】仅有武汉市铁路的 fclass 字段,点击【添加新源】"武汉市交通路网"的相应"fclass"字段。"code"和"name"字段同"fclass"的操作。如图 2.9 所示。完成后点击【运行】。

(4)得到新图层【武汉市铁路与公路】,如图 2.10 所示。打开其属性表,其数据量是"武汉市铁路"与"武汉市道路网"数据量的和。如图 2.11 所示。

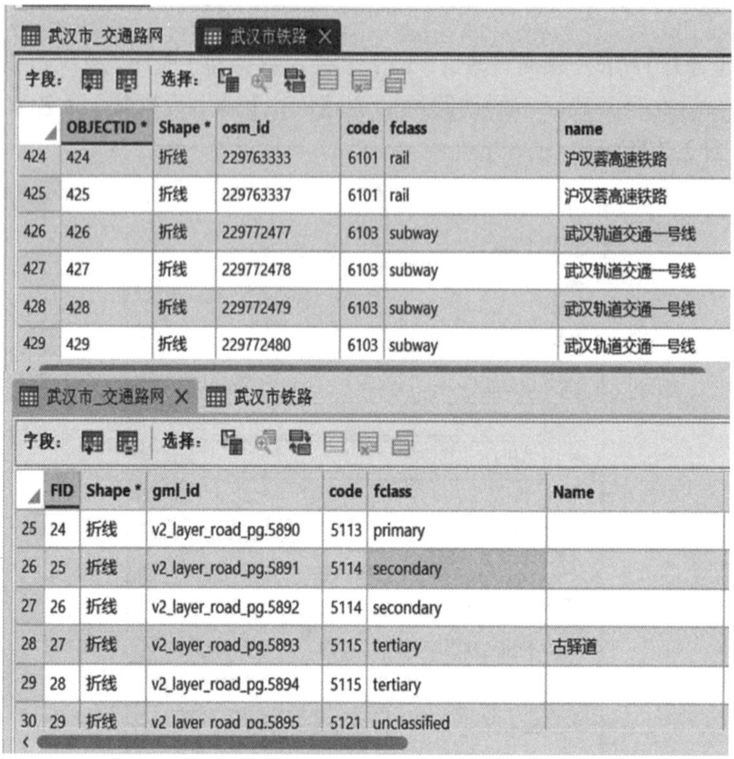

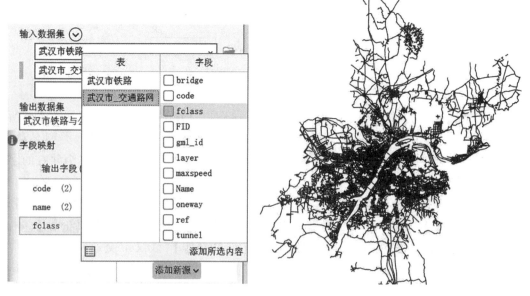

图 2.8　两图层属性表对比

图 2.9　字段映射界面　　　　图 2.10　武汉市铁路与公路

图 2.11　图层字段表

4. 栅格数据合并

（1）搜索【镶嵌至新栅格】功能，【输入栅格】选择两个".img"的数字高程影像图，命名为"合并高程影像"，波段数为 1，其他保持不变。如图 2.12 所示。点击【运行】。此步骤旨在合并两个高程影像图为一个，方便对合并后的一整块地区的高程信息进行分析和处理。

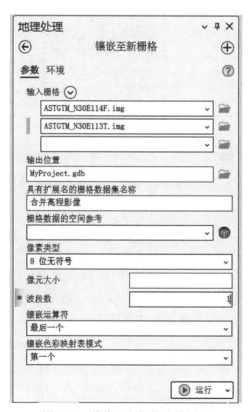

图 2.12　镶嵌至新栅格功能界面

（2）得到合并后的高程影像图层，如图 2.13 所示。打开合并前后图层的【属性】，并观察合并前的两个栅格信息与合并后的栅格信息。如图 2.14 所示。

图 2.13 合并的高程影像

图 2.14 合并前后图层属性对比

5. 矢量数据提取

（1）搜索【选择】工具，【输入要素】选择"武汉市交通路网"，【输出要素类】命名为"武汉市八一路"，【表达式】选择字段"Name"，选择"Name"为"八一路"的数据。如图 2.15 所示。点击【运行】。此步骤旨在从武汉市交通路网中选择出八一路，并提取出来。

（2）得到"武汉市八一路"图层，如图 2.16 所示。可打开新图层【属性表】观察其与"武汉市交通路网"的【属性表】之间的差别。如图 2.17 所示。

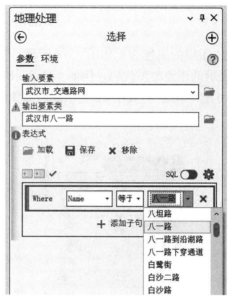

图 2.15　选择功能界面

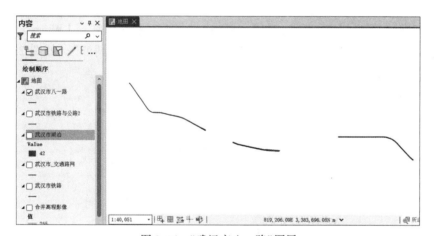

图 2.16　"武汉市八一路"图层

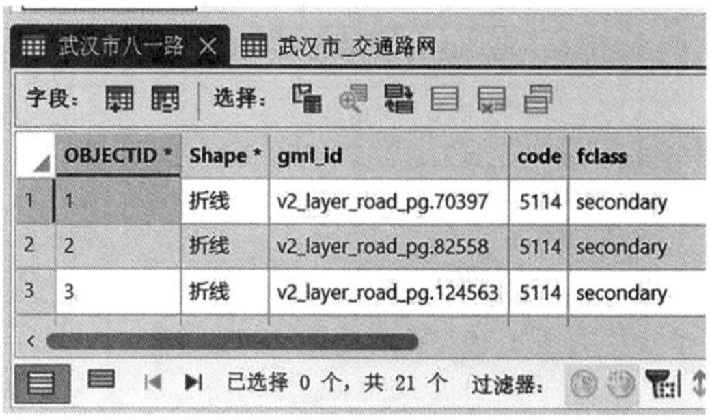

图 2.17　图层属性表

6. 栅格数据提取

（1）打开"武汉市用地"图层的属性表，如图 2.18 所示。字段【OBJECTID】为序号，字段【Value】表示栅格所表示的用地类型代码。例如，11 表示水田，12 表示旱田。可参考完整表格"中国土地利用分类系统"，其中 42 表示湖泊，我们将表示用地类型为湖泊的栅格提取出来。

图 2.18　图层属性表

（2）搜索【按属性提取】工具，【输入栅格】选择"武汉市用地"，【Where 子句】选择【Value】字段，并选择值为"42"。【输出栅格】命名为"武汉市湖泊"。如图 2.19 所示。点击【运行】。

图 2.19　按属性提取功能界面

（3）得到"武汉市湖泊"图层，如图 2.20 所示。

图 2.20 "武汉市湖泊"图层

7. 矢量数据投影坐标转换

(1)在左侧图层目录点击"武汉市_市界"图层，右键并选择【属性】，查看其【源】内【空间参考】中的内容，该图层目前只有地理坐标系。如图 2.21 所示。

图 2.21 图层属性

(2)在工具栏搜索"投影"，在【输入数据集或要素类】选择"武汉市_市界"，【输出数据集或要素类】选择新创建的"输出"文件夹，并命名为"武汉市投影坐标转换"。如图 2.22 所示。武汉市经度范围在 113～115E 之间，中央经线大致选择 1114E，故选择 CGCS20003 Degree GK CM 114E，如图 2.23 所示。点击【运行】。

图 2.22　投影功能界面　　　　　　　　图 2.23　坐标系选择

Gauss Kruger 投影(即高斯-克吕格投影)从几何概念上分析,是一种横轴等角切圆柱投影。我们把地球看成地球椭球体,假想用一个椭圆筒横套在其上,使筒与地球椭球的某一经线(称为中央经线)相切,椭圆筒的中心轴位于赤道上,按等角条件将地球表面投影到椭圆筒上,然后将椭圆筒展开成平面,如图 2.24 所示。带有 3 度的为 3 度带的投影坐标,而不带有 3 度的则为 6 度带的投影坐标,坐标 CGCS2000 GK CM 114E 中,114E 代表中央子午线为东经 114。

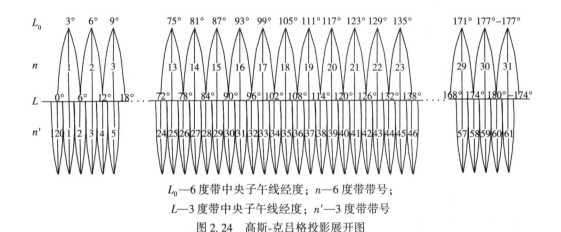

L_0—6 度带中央子午线经度；n—6 度带带号；
L—3 度带中央子午线经度；n'—3 度带带号
图 2.24　高斯-克吕格投影展开图

(3)得到图层"武汉市投影变换",查看属性中的【空间参考】,得到我们选择的投影坐标。如图 2.25 所示。

图 2.25 图层属性

8. 栅格数据投影坐标转换

（1）在工具栏搜索"投影栅格"，在【输入栅格】选择"Id20201. tif"，【输出栅格数据集】选择新创建的"输出"文件夹，并命名为"Id2020 投影变换"。【输出坐标系】选择 WGS_1984_UTM_Zone_49N。如图 2.26 所示。寻找坐标系路径为 UTM→WGS1984→Northern Hemisphere→WGS_1984_UTM_Zone_49N，如图 2.27 所示。点击【运行】。

UTM 投影（Universal Transverse Mercator，通用横轴墨卡托投影）是一种等角横轴割圆柱投影，圆柱割地球于南纬80度、北纬84度两条等高圈，UTM 投影将北纬84度和南纬80度之间的地球表面按经度6度划分为南北纵带（投影带）。从180度经线开始向东将这些投影带编号，从1编至60（北京处于第50带），因此1带的中央经线为-177（-180至-174），而0度经线为30带和31带的分界，这两带的分界分别是-3和3度。如图 2.28 所示。

中国 UTM 投影带号中国国境所跨 UTM 带号为 43~53。UTM 投影带号计算：从180度经度向东，每6度为一投影带。本案例中武汉市所在距离最近的中央经线为114E，那么编号计算如下：（114+180)/6=49。即 WGS_1984_UTM_Zone_49N。N 代表北半球。

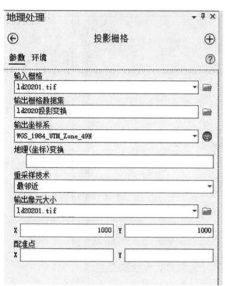

图 2.26 栅格投影功能界面

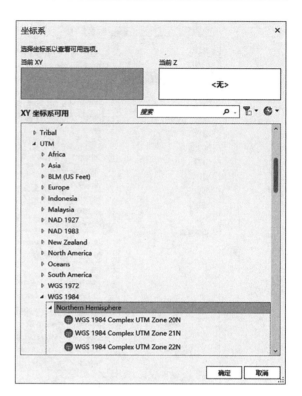

图 2.27 坐标系选择

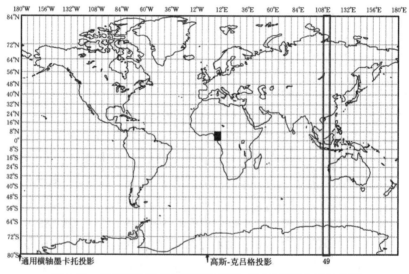

图 2.28 通用横轴墨卡托投影和高斯-克吕格投影分带示意图

　　(2)得到图层"Id2020 投影变换",查看属性中的【空间参考】,得到我们选择的投影坐标。如图 2.29 所示。

图 2.29　图层属性

◎ **本实验参考文献**

[1]祝国瑞.地图学[M].武汉：武汉大学出版社，2004.

[2]汤国安.ArcGIS 地理信息系统空间分析实验教程(第三版)[M].北京：科学出版社，2021.

实验三　拓扑关系的建立

一、实验的目的和意义

拓扑关系对于数据处理和空间分析具有重要意义，拓扑分析经常应用于地块查询、土地利用类型更新等。

通过本实验，帮助学生掌握创建拓扑关系的具体操作流程，包括拓扑创建、拓扑错误检测、拓扑错误修改、拓扑编辑等。

二、实验内容

(1)学习 GeoScene Pro 中基础数据处理有关知识，建立要素数据集的拓扑关系；
(2)学习路网数据的拓扑检查及修改，并进行拓扑编辑。

三、实验数据

本实验所需数据见表 3.1。

表 3.1　　　　　　　　　　　　　实验数据表

数　据	类　型	数据格式
校内道路	线要素	. shp

四、实验流程

GeoScene Pro 中完成拓扑关系的建立，首先需要导入基础的校内路网数据，构建拓扑关系并进行拓扑检查及修改，然后利用路网数据构建网络要素数据集。

具体流程如图 3.1 所示。

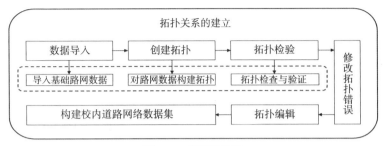

图 3.1　实验流程图

五、模型结构

图解建模是指用直观的图形语言将一个具体的过程用模型表达出来。在这个模型中分别定义不同的图形代表输入数据、输出数据、空间处理工具，它们以流程图的形式进行组合并且可以执行空间分析操作功能。图 3.2 所示为本实验选题的模型结构图。

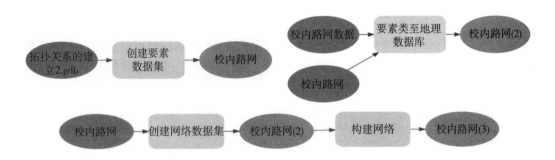

图 3.2　模型结构图

六、操作步骤

(1)打开 GeoScene Pro，选【新建文件地理数据库(地图视图)】，命名为"拓扑关系的建立"。

(2)单击导航栏中的【添加数据】(图 3.3)；选择数据文件中的校内道路数据，点击【确认】，向地图中添加校内路网数据(图 3.4)。

图 3.3　"添加数据"步骤导航栏

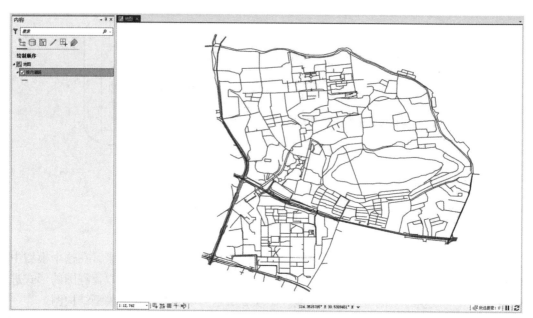

图 3.4　校内路网数据

（3）在右侧目录菜单选择展开【工程】|【数据库】，导入数据后可见已新建文件地理数据库（图 3.5）；右击【拓扑关系的建立 . gdb】，选择【新建】|【要素数据集】（图 3.6）；将新建要素数据集命名为"校内路网"（图 3.7），点击【运行】。

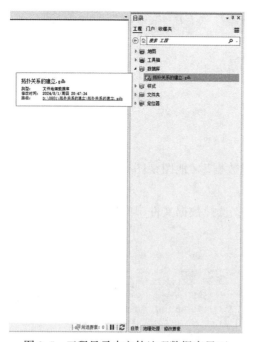

图 3.5　工程目录中文件地理数据库界面

图 3.6　右击新建要素数据集操作界面

要素数据集是共用一个通用坐标系的相关要素类的集合。要素数据集用于将相关要素类组织成一个公用数据集以构建拓扑、网络数据集、地形、几何网络或宗地结构。

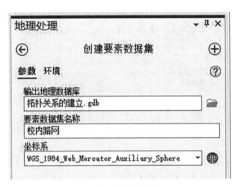

图 3.7　创建要素数据集设置界面

(4)右击新建的校内路网要素数据集(图 3.8);选择【导入】|【要素类(多个)】(图 3.9);选择输入要素为数据文件中的校内道路数据(图 3.10),点击【运行】导入路网信息。

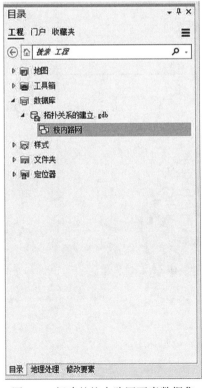

图 3.8　新建的校内路网要素数据集

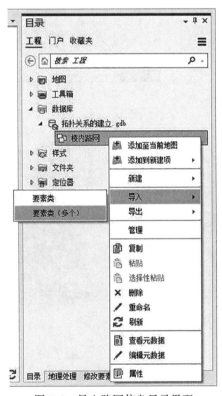

图 3.9　导入路网信息目录界面

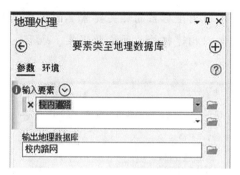

图 3.10 导入路网信息设置界面

(5)单击菜单栏中的【编辑】|【选择】(图 3.11);框选校内道路全部要素(图 3.12);单击菜单栏中的【编辑】|【修改】(图 3.13);选择【打断】(图 3.14);将要素校内道路在交点处打断并移除"任何重复片段"(图 3.15);这是构建交通网络数据集的需要,编辑完注意点击【保存】(图 3.16);在保存编辑内容框选择"是"(图 3.17)。

图 3.11 编辑选择界面

图 3.12 框选要素界面

图 3.13　修改要素界面

图 3.14　选择打断界面

图 3.15　打断操作界面

图 3.16　保存选择界面

图 3.17　保存编辑界面

(6)右键单击新建的【校内路网要素数据集】，选择【新建】|【拓扑】(图3.18)；拓扑名称设置为英文"xnlw"，勾选校内道路要素类(图3.19)；添加规则，选择要素类为校内道路，添加规则"不能自相交""不能相交或内部接触""不能有悬挂点"(图3.20)；汇总，检查各部分设置，点击【完成】(图3.21)。

图3.18 新建拓扑操作界面

GeoScene Pro 通过一组用来定义要素共享地理空间方式的规则和一组用来处理在集成方式下共享几何的要素的编辑工具来实施拓扑。

构建拓扑关系时添加一系列拓扑规则是帮助构造要素间的空间关系，以控制和验证要素共享几何的方式。

拓扑关系主要包括以下几种类型：①拓扑邻接：存在于空间图形的同类元素之间的拓扑关系，如相邻宗地、地块等之间的关系；②拓扑关联：存在于空间图形的不同元素之间的拓扑关系，如界址点、界址线与宗地之间的关系；③拓扑包含：指面与面之间的包含与被包含之间的关系，如地块与插花地之间的关系。

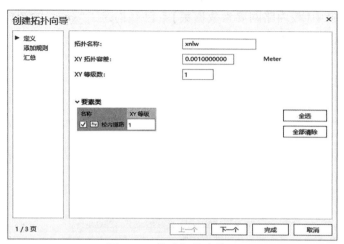

图 3.19　构建拓扑步骤一

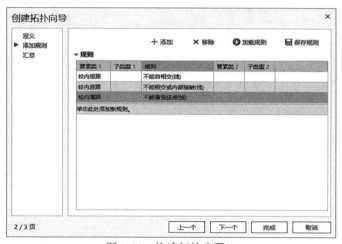

图 3.20　构建拓扑步骤二

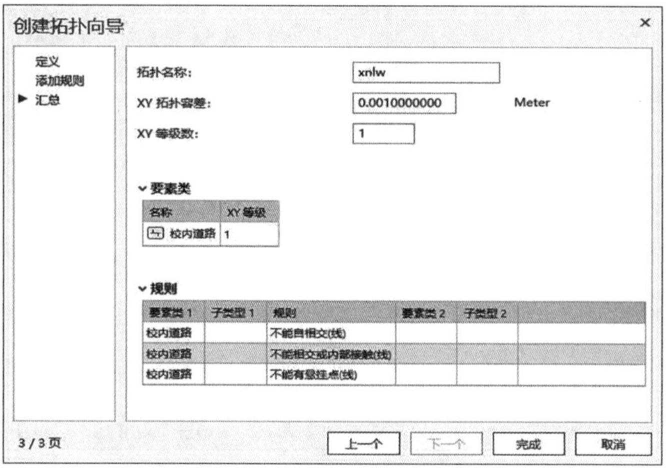

图 3.21　构建拓扑步骤三

　　(7)查看目录中【校内路网要素数据集】下已经构建了"xnlw"的拓扑(图 3.22);将其拖拽至左侧内容界面(图 3.23);即添加至地图(图 3.24)。

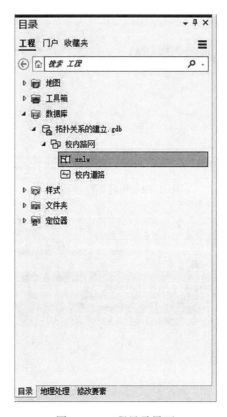

图 3.22　工程目录界面

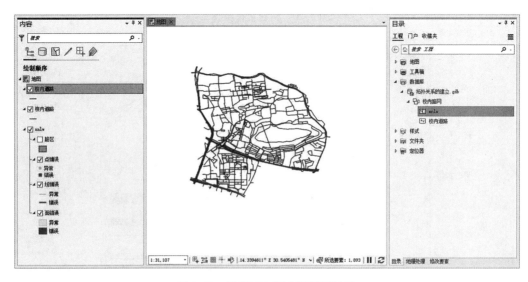

图 3.23　拖拽至左侧内容界面显示

在地图显示后，可以像访问任何其他图层那样访问拓扑图层的显示属性，即右键单击图层名称，然后再单击【属性】。随后，单击【符号系统】选项卡，以更改拓扑的绘图属性(可以更改各种错误的类型或异常的符号以及开启脏区显示)。

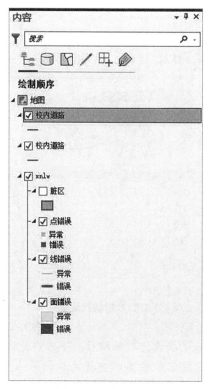

图 3.24　创建拓扑后的地图内容

(8)选择菜单栏中的【编辑】，下拉选择"xnlw"(地理数据库)(图 3.25)；单击【错误检查器】(图 3.26)；点击验证，可以看到出现了具体错误条目(图 3.27)；全选某错误要素(图 3.28)；在错误选择器右侧修复一栏可以看到修复方式，点击【修复方式】，进行错误修复(图 3.29)；在修复过程中，可按照一定的规则选择需要修复的错误(图3.30)。

图 3.25　下拉选择拓扑操作

图 3.26　菜单编辑界面错误检查器

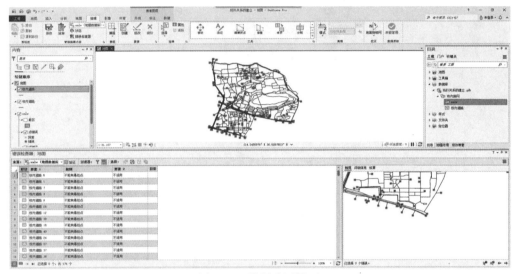

图 3.27　错误验证界面

创建新拓扑或对参与拓扑的要素进行编辑后,下一步是验证拓扑。验证拓扑包含以下4 个过程:①对要素折点进行裂化和聚类以查找共享相同位置(具有通用坐标)的重叠要素;②将共有坐标的折点插入共享几何的重叠要素中;③运行一系列完整性检查以确定是否违反了为拓扑定义的规则;④针对要素数据集中潜在的拓扑错误创建错误日志。

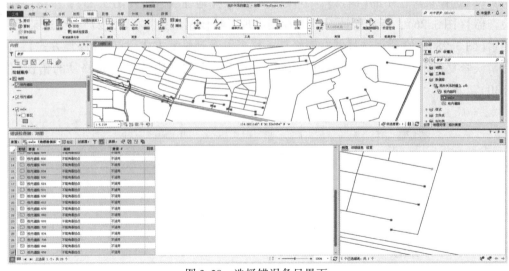

图 3.28　选择错误条目界面

图 3.29　错误修复操作界面

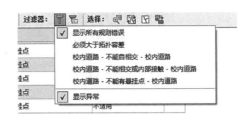
图 3.30　错误规则筛选界面

（9）下面示范一个拓扑错误修复的具体操作：首先选择需要修复的规则条目"不能相交或内部接触"，全选错误要素（图 3.31）；在右侧窗口查看错误修复操作（图 3.32）；单击选择修复操作（图 3.33）；对比查看错误修复前（图 3.34）与修复后的拓扑，确认错误修复完毕（图 3.35）；注意，在错误修复操作中，【分割】主要适用于一些自相交或者内部重叠的错误，【捕捉】【修剪】【延伸】【移除重叠】【简化】主要修复有悬挂点的道路，考虑到存在断头路的情况，此项需要分别查看修改，处理时如发现一些零碎的未被清除干净的不符合实际的道路，可以直接选择【删除】，经多次修改，除了一些悬挂点之外，其余错误均处理完毕。

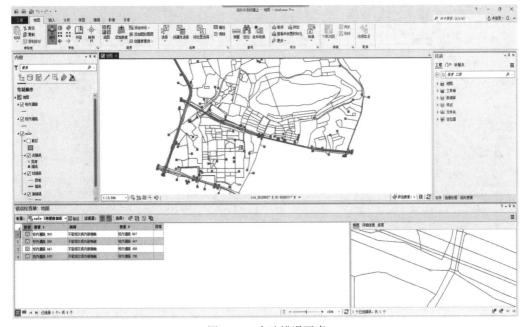
图 3.31　全选错误要素

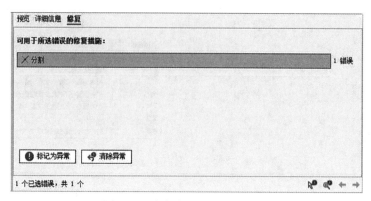

图 3.32 右侧窗口显示修复操作

图 3.33 单击选择修复操作

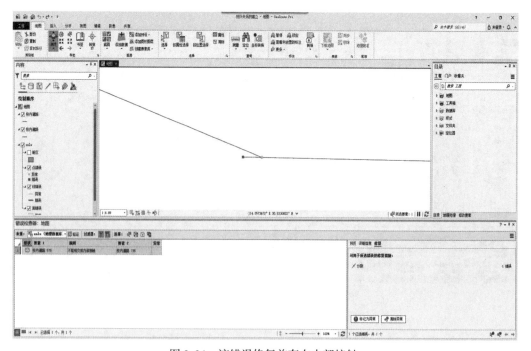

图 3.34 该错误修复前存在内部接触

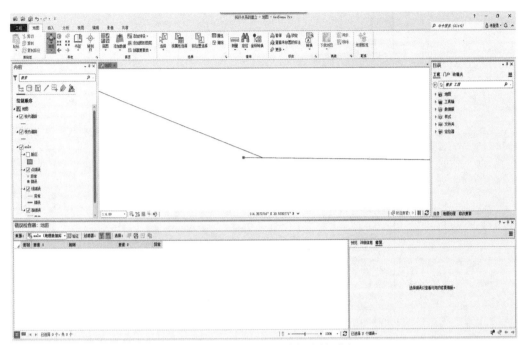

图 3.35　错误修复后接触点被删除

(10)在错误被修复完毕，保存工程后回到 GeoScene Pro 工程界面配置许可，选择
"配置您的许可选项"(图 3.36)；加载完成后勾选全部授权方可进行下一步操作(图
3.37)。

图 3.36　GeoScene Pro 许可配置界面

图 3.37 勾选全部许可授权

(11)右击新建的【校内路网要素数据集】，选择【新建】|【网络数据集】(图 3.38)；勾选校内道路为【源要素类】，选择【高程】为"无高程"(图 3.39)；点击【运行】构建校内交通网络数据集(图 3.40)；此时仅搭建完成框架，而未完成构建，右击数据集查看【属性】(图 3.41)；"边""交汇点"内容为 0(图 3.42)。

图 3.38 新建路网数据集操作

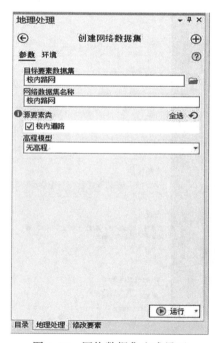

图 3.39 网络数据集生成界面

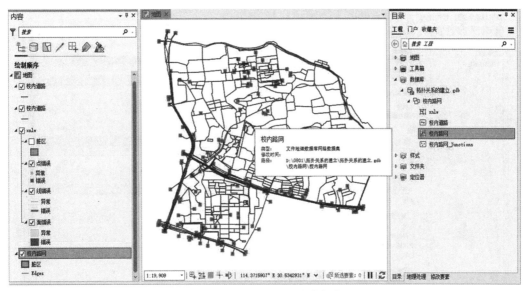

图 3.40　校内交通网络数据集

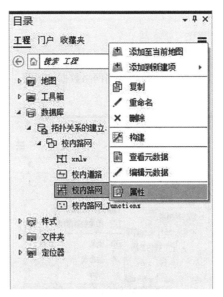

图 3.41　查看数据集属性操作

　　(12)右击新建的【校内网络数据集】，选择【构建】(图 3.43)；点击【运行】(图
3.44)完成构建(图 3.45)；并将所生成的【校内路网_Junctions】添加至地图(图 3.46)；
此时右击数据集查看【属性】，构建数据显示完整(图 3.47)；得到最终的结果显示如图
3.48 所示。

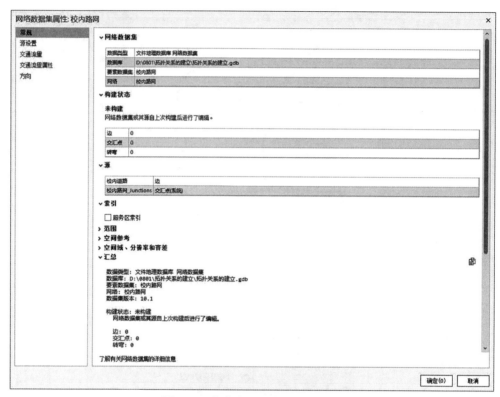

图 3.42　校内交通网络数据集属性

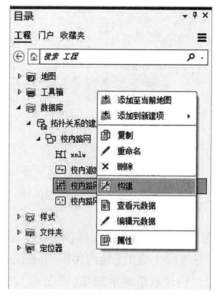

图 3.43　选择构建操作

图 3.44　网络数据集构建界面

图 3.45　网络数据集构建完成提示

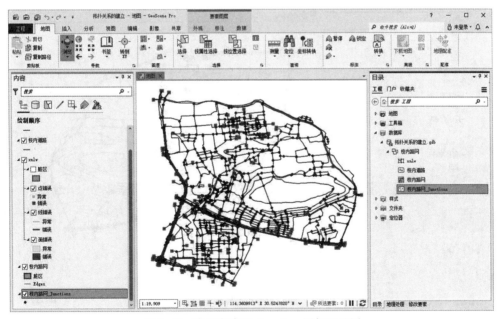

图 3.46　将校内路网_Junctions 添加至地图

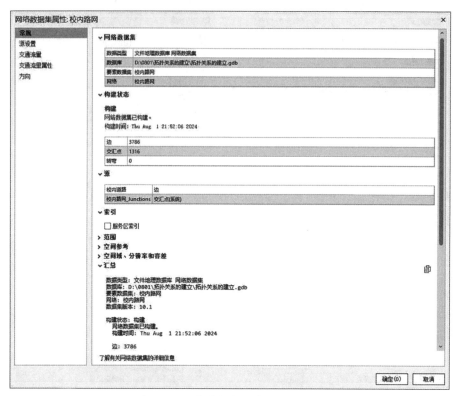

图 3.47　网络数据集构建后属性显示

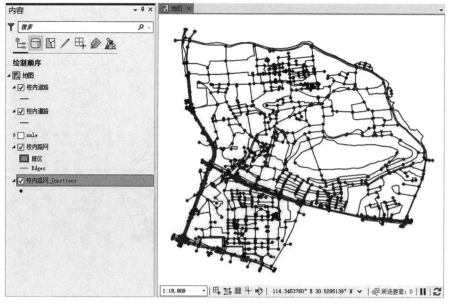

图 3.48　拓扑与网络数据集构建结果显示

七、总结与思考

本实验以武汉大学校内路网为例，构建校内路网数据集，通过拓扑检查及修改等方法，完成路网拓扑关系的建立并构建校内交通网络数据集。

（1）路网拓扑的构建需要有不同的规则，对不同数据的处理需要考虑不同的规则设置，合理选用规则建立拓扑关系；

（2）拓扑的检查和修改需要根据实际情况进行，针对不同的错误要根据具体要求选用不同的修改方法，保证拓扑关系构建的准确性。

◎ **本实验参考文献**

[1]汤国安，杨昕．ArcGIS 地理信息系统空间分析实验教程(第二版)[M]．北京：科学出版社，2019.

实验四　数据的统计分析

一、实验的目的和意义

GeoScene Pro 提供了一套强大的工具，用于空间数据的管理、可视化和分析。这些工具在与统计方法集成后，能够更有效地处理空间连续数据。通过 GeoScene Pro，可以实现对空间数据的高效管理和直观展示，使得数据分析结果更加易于理解和应用。

基于 GeoScene Pro 的统计信息分析，不仅可以揭示数据的空间分布特征，还可以揭示社会经济活动的空间分布规律和影响因素，为区域经济发展规划提供依据，辅助政府和企业进行科学决策。通过分析统计数据的空间维度特征，可以在地理空间信息框架下集成多源统计信息，为社会经济信息的分析利用以及政府决策辅助开辟新途径。

二、实验内容

(1) 掌握将文本数据与 GeoScene Pro 图层连接的方法；

(2) 利用 GeoScene Pro 生成数据可视化的分析图；

(3) 学习掌握 GeoScene Pro 统计数据分析工具。

三、实验数据

本实验所需数据见表 4.1。

表 4.1　　　　　　　　　　　　　　实验数据表

数　据	类　型	数据格式
武汉市行政边界	面要素	. shp
武汉市各区人口数据	文本	. xlsx
武汉市城镇土地利用类型	面要素	. shp
武汉大学校园边界	面要素	. shp
中国非物质遗产分布图	点要素	. shp
中国行政边界图	面要素	. shp

四、实验流程

本实验流程如图 4.1 所示。

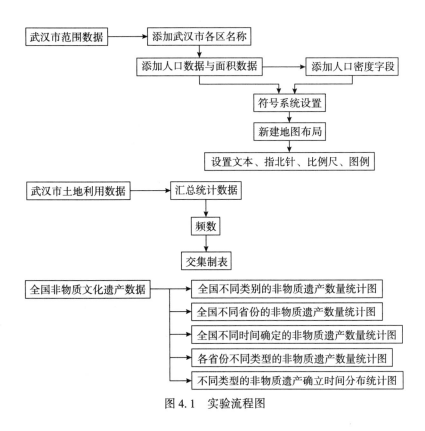

图 4.1　实验流程图

五、操作步骤

1. 统计图的制作

(1)打开 GeoScene Pro，新建工程，命名为"数据统计分析"，如图 4.2 所示。

图 4.2　新建工程操作界面

（2）单击导航栏中的【地图】|【添加数据】，选择数据文件夹/武汉市文件夹中的 shp 格式文件数据【pasted.shp】，如图 4.3 所示。

图 4.3　"添加数据"步骤导航栏

导入数据后，右键单击 pasted 图层，选择【属性表】，在字段"name"一栏中可看到表内有武汉市各区的名称，如图 4.4 所示。

（3）右键单击"pasted"图层，选择【标注】，将武汉市各区名称标注到地图上，如图 4.5 所示。

图 4.4　"pasted"属性表内容　　　　图 4.5　标注后的地图

（4）数据导入。注意在"数据.xlsx"文件中，武汉市各区的名称必须与"pasted.shp"属性表中字段"name"名称一一对应，如"江岸区"对应"江岸区"；如果二者名称不一致，就会出现某些数据无法显示的情况，如图 4.6 所示。右键单击左侧内容一栏中的 pasted 图层，选择【连接和关联】|【添加连接】，"输入连接字段"选择"name"，连接到数据文件夹中"数据.xlsx"中的表"sheet1＄"，"连接表字段"选择"名称"，如图 4.7 所示，将武汉市的各区人口数据与面积数据导入进来。

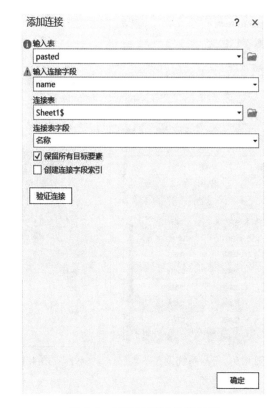

名称	name
江岸区	江岸区
江汉区	
硚口区	江汉区
汉阳区	
武昌区	硚口区
青山区	
洪山区	汉阳区
东西湖区	
汉南区	武昌区
蔡甸区	
江夏区	青山区
黄陂区	
新洲区	洪山区
	东西湖区
	汉南区

图 4.6 Excel 与属性表名称对应   图 4.7 【添加连接】操作界面

导入数据后，再次打开"pasted"图层的属性表，可以看到武汉市各区的人口与面积数据已经被导入进来了，如图 4.8 所示。

childrenNu	level	parent	subFeature	acroutes	名称	常住人口（万人）	面积（km²）	ObjectID *
0	district	0	0	0	江岸区	105.11	64	1
0	district	0	1	0	江汉区	69.05	33	2
0	district	0	2	0	硚口区	75.02	46	3
0	district	0	3	0	汉阳区	90.06	108	4
0	district	0	4	0	武昌区	128.16	81	5
0	district	0	5	0	青山区	51.3	45	6
0	district	0	6	0	洪山区	271.86	509	7
0	district	0	7	0	东西湖区	92.55	439	8
0	district	0	8	0	汉南区	18.16	288	9

图 4.8 "pasted"属性表内容

（5）右键单击"pasted"图层，选择【符号系统】，分类方法选择【唯一值】，字段选择【name】，选择合适且清晰的配色方案，如图 4.9 和图 4.10 所示。

（6）右键复制并粘贴"pasted"图层，选择【符号系统】，分类方法选择【图表】，字段选择【常住人口】，设置如图 4.11 所示，得到统计结果如图 4.12 所示。

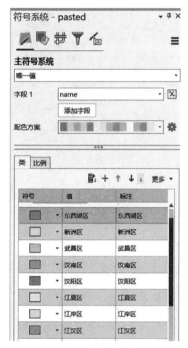

图 4.9　符号系统设置

图 4.10　采用【唯一值】方法显示的结果

图 4.11　符号系统设置

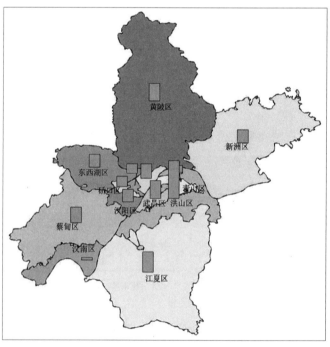

图 4.12　采用【图表】方式显示的结果

(7)在导航栏中选择【插入】|【新建布局】,选择 A3 竖版布局,如图 4.13 所示。

图 4.13　新建布局界面

(8)在导航栏中选择【插入】|【地图框】,选择【地图】一栏中的第二项,在图面中框选合适的大小,将刚刚制作的武汉市常住人口数量分布图导入进来。

(9)在上方导航栏中的【图形和文本】一栏中,选择添加【平直文本】,调整合适的位置和文本大小,如图 4.14 与图 4.15 所示,得到文本设置结果,如图 4.16 所示。

图 4.14　新建文本工具界面

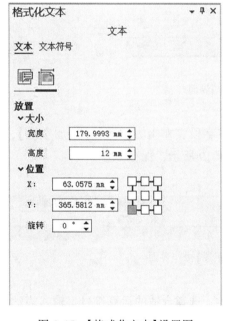

图 4.15　【格式化文本】设置图

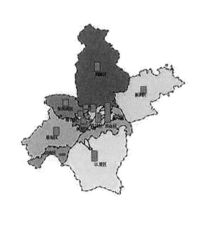

图 4.16　文本设置结果图

(10)在上方导航栏中选择合适的指北针和比例尺插入图中合适的位置,如图 4.17 所示。

图 4.17 插入指北针与比例尺

(11) 返回【地图】界面，如图 4.18 所示。

图 4.18 返回地图界面

(12) 右键单击"pasted"图层打开属性表，在字段表左上方，选择【添加字段】，新建"密度"字段，字段类型选择"双精度"，如图 4.19 所示，保存。

☑	☐	Sheet1$.面积_k_	面积（km²）	双精度	☑	☐	数值	0	0
☑	☑	Sheet1$.ObjectID	ObjectID	长整型	☑	☐	数值	9	0
☑	☐	密度		双精度 ▾	☐	☐			

图 4.19 "pasted"【新建字段】操作界面

(13) 在属性表中选择【计算】，双击字段名称，选择合适的运算符号，输入表达式，设置如图 4.20 所示。计算完成后即可得出武汉市各区人口密度。

(14) 右键单击"pasted"图层选择【符号系统】，选择字段为【人口密度】，选择合适的配色方案，可将武汉市人口密度分布图与武汉市常住人口数量图表示在同一张图上，如图 4.21 所示。

图 4.20 【计算】字段设置界面

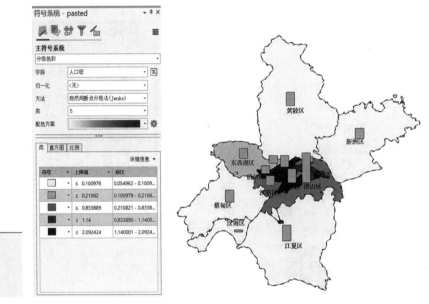

图 4.21 【符号系统】设置

2. 统计数据工具的运用

(1) 单击导航栏中的【地图】|【添加数据】，选择数据文件夹｜土地利用中的 shp 格式文件数据【武汉市土地利用.shp】。

打开"武汉市土地利用"图层的属性表，如图 4.22 所示，可以看到表中各种土地利用类型的面积，但未对这些面积进行汇总。

FID	Shape *	Lon	Lat	F_AREA	City_CODE	UUID	Level1	Level2	Level1_cn	Level2_cn	面积
0	面	114.60989	30.45637	0.007575	420100	71133	5	505	公共管理和服务用地	公园与绿地用地	0.006394
1	面	114.64108	30.4715	1.098264	420100	71135	1	101	居住用地	居住用地	0.03144
2	面	114.66962	30.54718	10.353669	420100	71159	3	301	工业用地	工业用地	0.054618
3	面	113.71217	30.40727	0.086706	420100	366338	5	505	公共管理和服务用地	公园与绿地用地	0.101989
4	面	113.71575	30.40731	0.580561	420100	366339	5	501	公共管理和服务用地	行政办公用地	0.682883
5	面	113.75218	30.42645	0.121956	420100	366340	3	301	工业用地	工业用地	0.143468
6	面	113.88041	30.55225	0.239523	420100	366341	5	503	公共管理和服务用地	医疗卫生用地	0.262714
7	面	113.88041	30.55537	0.352114	420100	366342	5	501	公共管理和服务用地	行政办公用地	0.412683
8	面	113.83253	30.44628	0.91852	420100	366343	2	202	商业用地	商业服务用地	1.02379
9	面	113.8275	30.4494	0.688079	420100	366344	5	505	公共管理和服务用地	公园与绿地用地	0.772076
10	面	113.8275	30.4494	0.174716	420100	366345	5	505	公共管理和服务用地	公园与绿地用地	0.205565
11	面	113.8275	30.4494	0.030895	420100	366346	3	301	工业用地	工业用地	0.036349
12	面	113.82641	30.43981	2.329541	420100	366347	2	202	商业用地	商业服务用地	2.70718
13	面	113.81092	30.45253	0.131216	420100	366348	5	505	公共管理和服务用地	公园与绿地用地	0.154387

图 4.22 "武汉市土地利用"属性表内容

（2）打开导航栏右侧中【分析】|【工具箱】，选择【分析工具】|【统计数据】|【汇总统计数据】，我们要对武汉市各用地类型的面积进行汇总，因而"统计字段"选择"面积"，"统计类型"选择"总和"，"分组字段"选择"Level2_cn"。如图 4.23 所示。

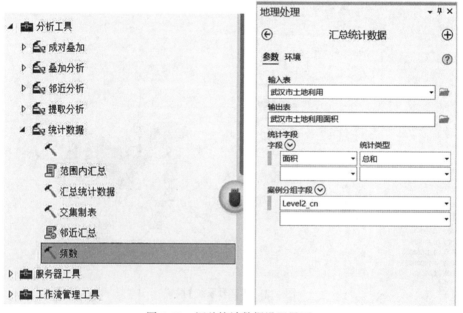

图 4.23 汇总统计数据设置界面

（3）右键打开刚刚生成的【武汉市土地利用面积】的属性表，如图 4.24 所示，可以看到各种用地类型的面积已经统计好了。

生成表中的【FREQUENCY】是按分类统计的图斑个数，如第一行【工业用地】对应的

【FREQUENCY】数值为 831，即表示工业用地的图斑数量有 831 个。

(4)实际上【统计分析】工具集里的另一个【频数】工具，也可以实现这个功能，打开【频数】工具，设置参数如图 4.25 所示，得到的结果与【汇总统计数据】结果一致，如图 4.26 所示。

OBJECTID *	Level2_cn	FREQUENCY	SUM_面积
1	工业用地	831	478.596789
2	公园与绿地用地	909	91.536695
3	机场设施用地	23	53.084013
4	交通场站用地	33	5.599722
5	教育科研用地	510	96.540614
6	居住用地	1730	425.812786
7	商务办公用地	127	13.525624
8	商业服务用地	262	41.045621
9	体育与文化用地	105	35.867991
10	行政办公用地	152	59.567935
11	医疗卫生用地	54	24.661206

图 4.24　"武汉市土地利用面积"属性表内容

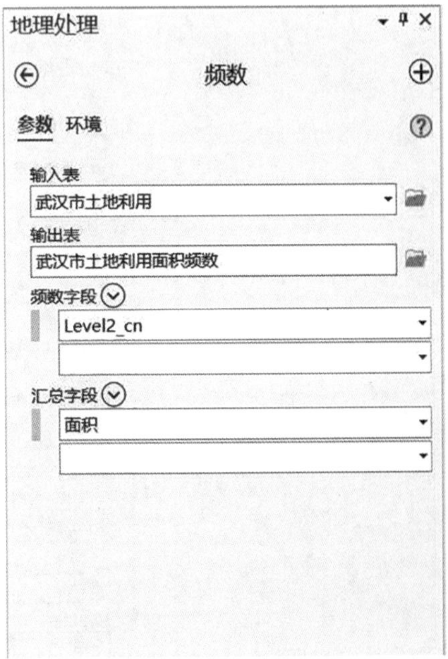

图 4.25　【频数】设置界面

OBJECTID *	FREQUENCY	Level2_cn	面积
1	831	工业用地	478.596789
2	909	公园与绿地用地	91.536695
3	23	机场设施用地	53.084013
4	33	交通场站用地	5.599722
5	510	教育科研用地	96.540614
6	1730	居住用地	425.812786
7	127	商务办公用地	13.525624
8	262	商业服务用地	41.045621
9	105	体育与文化用地	35.867991
10	152	行政办公用地	59.567935
11	54	医疗卫生用地	24.661206

图 4.26　频数运算结果图

(5)【交集制表】工具和上面的【汇总统计数据】工具有点类似，但应用场景有所差异。

例如，我们想要统计武汉市武汉大学内各土地利用的面积，但武汉大学这个分区并不在武汉市土地利用的相关字段里，而是在另一个要素类中被定义。需要注意的是，这个分区要素并不一定要和统计要素完全重叠，工具运行时只会统计两个要素之间完全重叠的区域。

　　单击导航栏中的【地图】|【添加数据】，选择数据文件夹中的 shp 格式文件数据"Whu 边界 . shp"；打开交集制表工具，设置如图 4.27 所示。区域字段选择要分区标记的字段，类字段选择"Level2_cn"，求和字段选择"面积"。

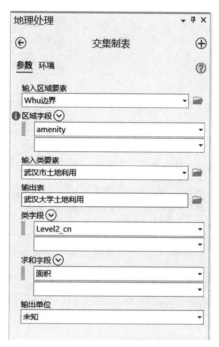

图 4.27　【交集制表】设置界面

　　(6)右键单击打开生成的【武汉大学用地面积】表，结果如图 4.28 所示。

OBJECTID *	amenity	Level2_cn	面积	AREA	PERCENTAGE
1	hospital	医疗卫生用地	0.036598	0.000003	93.421325
2	school	居住用地	0.023411	0.000002	97.501063
3	university	工业用地	0.008257	0.000001	0.206221
4	university	公园与绿地用地	0.200093	0.000019	4.996882
5	university	教育科研用地	1.541433	0.000145	38.495243
6	university	居住用地	1.20829	0.000114	30.173702
7	university	商业服务用地	0.00112	0	0.027965
8	university	体育与文化用地	0.076909	0.000007	1.920479
9	university	行政办公用地	0.01014	0.000001	0.253238

图 4.28　交集制表结果数据

3. 利用 GeoScene Pro 制作统计图表

　　(1)单击导航栏中的【地图】|【添加数据】，选择数据文件夹/China 文件夹中的 shp

格式文件数据"IhChina_2006-2021. shp"和数据文件夹/中国中的 shp 格式中国行政边界
数据"中华人民共和国 . shp"，获得我国非物质文化遗产空间分布图。

（2）分别右键单击"IhChina_2006-2021"和"中华人民共和国"图层，选择【符号系
统】，分类方法选择【唯一值】，字段选择【CategoryCN】和【name】，选择合适且清晰的配
色方案，如图4.29 所示，则可将我国非物质文化遗产按照类别分类显示。

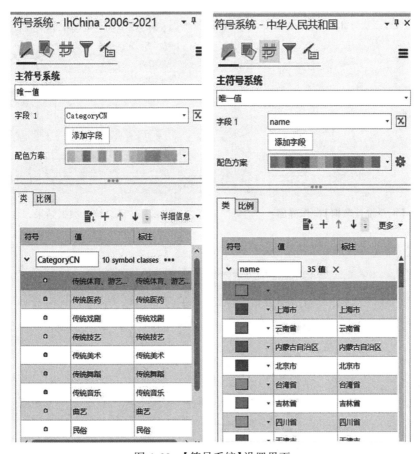

图4.29 【符号系统】设置界面

（3）右键单击"IhChina_2006-2021"图层，打开【属性表】，右键单击"CategoryCN"字
段，选择【汇总】，设置如图4.30 所示，得到全国不同类别的非物质遗产数量统计数
据，如图4.31 所示。

（4）将汇总的统计数据生成图表。右键单击"IhChina_2006-2021"图层，选择【创建
图表】|【条形图】，"类别或日期选择【CategoryCN】，聚合选择【计数】，如图4.32 所
示，可生成全国不同类别的非物质遗产数量统计图4.33 所示。

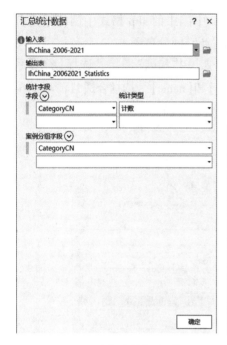

	OBJECTID *	CategoryCN	FREQUENCY	COUNT_CategoryCN
1	1	传统技艺	629	629
2	2	传统美术	417	417
3	3	传统体育、游艺与杂技	166	166
4	4	传统舞蹈	356	356
5	5	传统戏剧	473	473
6	6	传统医药	182	182
7	7	传统音乐	431	431
8	8	民间文学	251	251
9	9	民俗	492	492
10	10	曲艺	213	213

单击以添加新行。

图 4.30　【汇总统计数据】操作界面　　　　图 4.31　汇总统计数据结果

图表属性 - lhChina_2006-2021

比较数据计数和 CategoryCN

数据　系列　轴　参考线　格式　常规

变量

类别或日期

CategoryCN

聚合

计数

数值字段

＋ 选择

分割依据(可选) ⓘ

数据标注

☐ 标注条柱

排序

A-Z X轴升序

图 4.32　【图表属性】设置界面

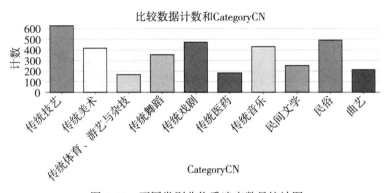

图 4.33   不同类别非物质遗产数量统计图

（5）右键单击图层，选择【创建图表】|【条形图】，"类别或日期选择【ProvinceCN】，聚合选择【计数】，设置如图 4.34 所示，可生成全国不同省份的非物质遗产数量统计图，如图 4.35 所示。

（6）右键单击"IhChina_2006-2021"图层，选择【创建图表】|【折线图】，"类别或日期"选择【CategoryCN】，聚合选择【计数】，设置如图 4.36 所示，可生成全国不同时间确定的非物质遗产数量统计图，如图 4.37 所示。

图 4.34   【图表属性】设置界面

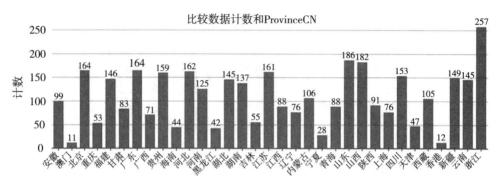

图 4.35 不同省份非物质遗产数量统计图

图 4.36 【图标属性】设置界面

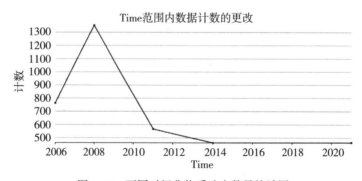

图 4.37 不同时间非物质遗产数量统计图

（7）右键单击图层，选择【创建图表】|【矩阵热点图】，"列类别"选择【ProvinceCN】，"行类别"选择【CategoryCN】，"聚合"选择【计数】，设置如图4.38所示，可生成各省份不同类型的非物质遗产数量统计图，如图4.39所示。

图4.38 【图表属性】设置界面

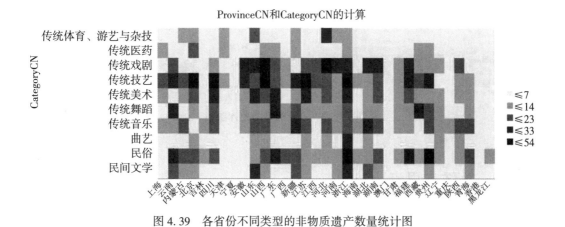

图4.39 各省份不同类型的非物质遗产数量统计图

（8）右键单击图层，选择【创建图表】|【箱形图】，"数值字段"选择【Time】，"类别"选择【CategoryCN】，设置如图4.40所示，可生成不同类型的非物质遗产确立时间分

布统计图，如图 4.41 所示。

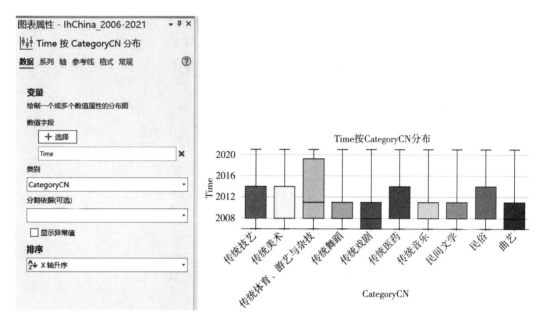

图 4.40　【图表属性】设置界面　　　　图 4.41　不同类型的非物质遗产确立时间分布统计图

（9）重复步骤 1(7)~(10)的操作，插入制作好的表格与图例，可得到不同类型的统计图表。如图 4.42 所示。

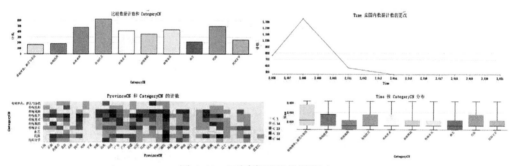

图 4.42　不同类型的统计图表

六、总结与思考

本次实验侧重于数据的连接、可视化和基本统计分析。未来可进一步学习使用更高级的统计分析方法，如空间自相关分析、聚类分析等，以挖掘更深层次的数据信息。GeoScene Pro 在城乡规划、环境保护、交通管理等领域具有广泛的应用前景。在未来的数据分析中，我们可以进一步探索 GeoScene Pro 与其他统计分析软件的结合应用，如与

R 语言、Python 程序等结合，可实现更高级的数据分析和可视化。考虑到数据更新和实时性的需求，将来可以探索如何利用 GeoScene Pro 的自动化脚本或模型来定期更新和分析数据，为政府和企业提供更加及时、准确的数据支持。随着大数据和人工智能技术的不断发展，我们可以预见，GeoScene Pro 等空间数据分析工具将在城市规划、环境保护、灾害预警等领域发挥更加重要的作用。

◎ 本实验参考文献

[1]周婕，牛强. 城乡规划 GIS 实践教程[M]. 北京：中国建筑工业出版社，2017.
[2]汤国安，杨昕. ArcGIS 地理信息系统空间分析实验教程[M]. 北京：科学出版社，2012.

实验五　校园宿舍的选址分析
——以武汉大学为例

一、实验的目的和意义

如何在武汉大学校园里合理布局学生宿舍，使各宿舍周边环境好、购物交通便捷、上学方便，这是同学们及校园规划者最关心的问题。因此，校园总体规划中需要对校园宿舍的选址进行综合研究和分析，以便选择最适宜的宿舍地段。

二、实验内容

（1）学习并应用 GeoScene Pro 中的字段计算器、缓冲区分析、叠置分析等工具，这些工具是本次实验进行空间分析和数据处理的基础；

（2）学习利用缓冲区分析解决实际问题，对各级道路分别设置合理的缓冲区距离（如国道 100m、省道 80m、市区一级道路 50m、行人道路 30m、其他道路 20m），以评估交通噪声对宿舍选址的影响；

（3）学习利用缓冲区分析解决实际问题，基于教学生活点位的流量字段生成相应的缓冲区，基于缓冲区分析工具生成公交站点、停车点位的缓冲区；

（4）学习利用叠置分析解决实际问题，将主要教学生活点位、交通站点、停车点位的缓冲区图层进行叠置分析，求出同时满足这三个条件的交集区域；

（5）整体学习和利用缓冲区分析、叠置分析、重分类等方式在城市规划中的应用。

三、实验数据

本实验所需数据见表 5.1。

表 5.1　　　　　　　　　　　　　　　**实验数据表**

数　据	类　型	数据格式
校内共享电动车停放点	点要素	. shp

续表

数　据	类　型	数据格式
校内大循环巴士停靠站	点要素	. shp
校内主要教学、居住点	点要素	. shp
武汉大学各级道路	线要素	. shp
武汉大学校园范围	面要素	. shp

四、实验流程

GeoScene Pro 中实现宿舍选址评价分析，所寻求的宿舍区要求噪声小，距离交通站点、教学区和停车点位近。综合上述条件，创建如下实验流程。首先利用交通路网数据根据不同道路等级建立噪声范围的缓冲区，其次根据主要教学点位、公交车站点、电动车停车位置进行缓冲区分析，最后再利用叠置分析对此前所得缓冲区结果进行再一步的验证，得到宿舍选址等级评价图。

具体逻辑过程如图 5.1 所示。

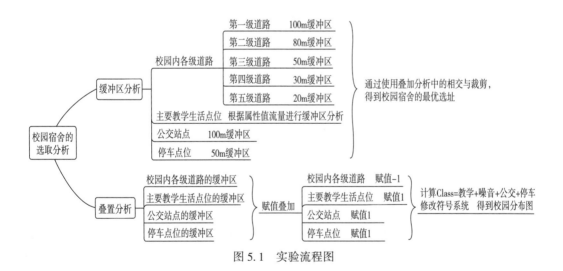

图 5.1　实验流程图

五、模型构建

模型构建图如图 5.2 所示。

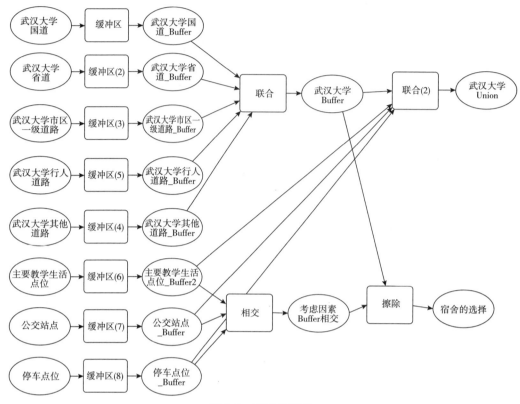

图 5.2 模型构建图

六、操作步骤

1. 新建文件

打开 GeoScene Pro，单击【新建文件地理数据库（地图视图）】，命名为"宿舍选址评价"；

2. 添加数据

单击导航栏中的【添加数据】（图 5.3），选择数据文件中的武汉大学的各级道路数据、主要教学生活点位数据、公交站点数据、停车站点数据、Whu 边界数据，点击【确认】，向地图中添加各数据（图 5.4）。

图 5.3 "添加数据"步骤导航栏

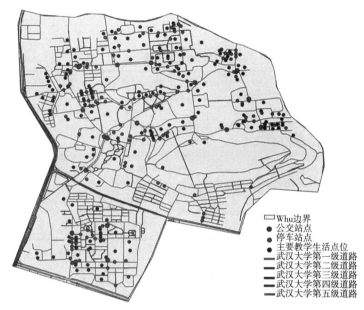

图 5.4　导入数据后的地图

3. 校园道路噪声缓冲区的建立

（1）缓冲区的定义：

缓冲区分析是指为了识别某地理实体或空间物体对其周围的邻近性或影响度而在其周围建立的一定范围的区域。从数学的角度看，缓冲区分析的基本思想是给定一个空间对象或集合，确定它们的邻域，邻域的大小由邻域半径决定。

缓冲区生成有三种类型，一是基于点要素的缓冲区，通常以点为圆心、以一定距离为半径的圆；二是基于线要素的缓冲区，通常是以线为中心轴线，距中心轴线一定距离的平行条带多边形；三是基于面要素多边形边界的缓冲区，向外或向内扩展一定距离以生成新的多边形。

（2）各级校园道路缓冲区的建立：

宿舍受交通噪声的影响与道路的通行等级有一定的联系，距等级越高的道路越近，该点位的宿舍受噪声的影响越大，点位选址越不合理。

选择【分析】|【工具】|【分析工具】|【邻近分析】|【缓冲区】，对各级道路进行缓冲区分析（此时生成的缓冲区范围是受到道路交通噪声影响的范围）。对于不同等级的道路，我们根据道路等级生成不同范围的缓冲区。

生成缓冲区的操作流程为：点击【缓冲区】按钮，【输入要素】选择需要进行缓冲区建立的各级道路（分别），【距离】选择"线性单位"，确定尺寸单位为米，输入设定的缓冲区范围即可。

根据道路等级分类，基于道路流量越大带来的噪声也就越多、范围越广这一原则，对各级道路设立不同范围的缓冲区距离，以此更为科学地预测交通噪声影响。见

表5.2。

表5.2　　　　　　　　　　　　　　　　道路缓冲区生成

道路名称	缓冲区距离	对应图片
武汉大学第一级道路	100m	图5.5
武汉大学第二级道路	80m	图5.6
武汉大学第三级道路	50m	图5.7
武汉大学第四级道路	30m	图5.8
武汉大学第五级道路	20m	图5.9

选择【分析】|【工具】|【分析工具】|【叠加分析】|【联合】，将生成的5个道路缓冲区图层叠加在同一个图层中，具体操作如图5.10所示。

最后完成武汉大学各级道路噪声污染缓冲区的建立，如图5.11所示。

(3)校园教学生活点位缓冲区的建立：

距离主要教学生活点位的远近对学生宿舍的选址有较大影响，且教学生活点位的流量对各宿舍与其的距离远近影响较大，"教学生活点位"这一数据属性中有"流量计"这一数值用以描述人流的多少，因此我们采用"教学生活点位"中的"流量计"来进行缓冲区的建立。

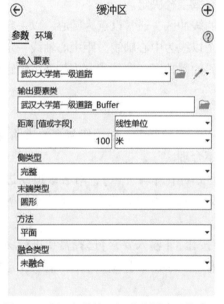 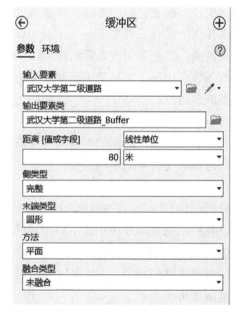

图5.5　武汉大学第一级道路缓冲区的建立　　图5.6　武汉大学第二级道路缓冲区的建立

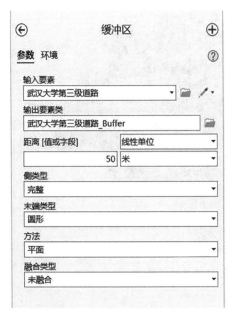

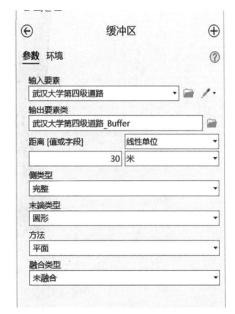

图 5.7　武汉大学第三级道路缓冲区的建立　图 5.8　武汉大学第四级道路缓冲区的建立

为建立教学点位的影响范围，生成缓冲区的操作流程为：点击【缓冲区】按钮，【输入要素】选择需要进行缓冲区建立的主要教学生活点位，【距离】选择"字段"，选择输入字段"流量计"即可(图 5.12)。

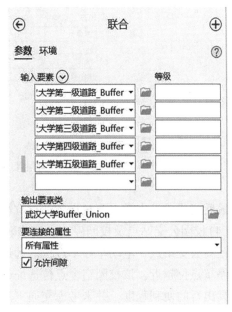

图 5.9　武汉大学第五级道路缓冲区的建立　图 5.10　各级道路缓冲区的联合

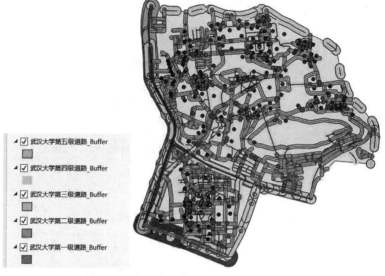

图 5.11　武汉大学各级道路缓冲区的建立

图 5.12　武汉大学主要教学生活点位缓冲区的建立

　　最后完成武汉大学主要教学生活点位影响范围缓冲区的建立(图 5.13)。

　　(4)校园公交站点及校园停车点缓冲区的建立：

　　距离公交站点、电动车停车点位的远近对宿舍选择也有较大影响，距公交站点、电动车停车点位越近，该校园宿舍点位选址越合理。(在本实验中，笔者只考虑了对于交通工具出行的便利程度，并未考虑交通工具可能带来的噪声影响。)

　　选择【分析】|【工具】|【分析工具】|【邻近分析】|【缓冲区】，对公交站点、电动车停车点位进行缓冲区分析。

图 5.13　武汉大学主要教学生活点位缓冲区的建立结果

生成缓冲区的操作流程为：点击【缓冲区】按钮，【输入要素】分别选择需要进行缓冲区建立的公交站点、电动车停车点位，【距离】选择"线性单位"，确定的尺寸单位为米，输入设定的缓冲区范围即可。

具体操作：根据人 5~10 分钟的步行距离，对"公交站点"和"停车点位"进行缓冲区的设立。对"公交站点"生成距离为 100m 的缓冲区（图 5.14），对"停车点位"生成距离为 50m 的缓冲区（图 5.15）。

图 5.14　武汉大学公交站点缓冲区的建立　　图 5.15　武汉大学停车点位缓冲区的建立

最后完成武汉大学公交站点、电动车停车点位影响范围缓冲区的建立(图 5.16)。

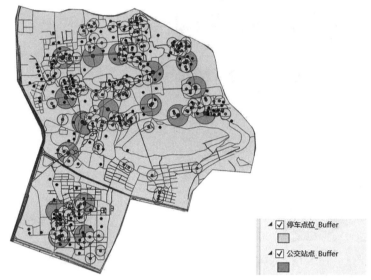

图 5.16　武汉大学公交站点、停车点位缓冲的建立结果

(5)进行叠置分析,将满足上述四个要求的区域求出:

对主要教学生活点位的影响范围、交通站点的影响范围和停车点位的影响范围三个缓冲区图层进行【叠置分析】的【相交】操作,可将同时满足这三个条件的区域求出。

选择【分析】|【工具】|【分析工具】|【叠加分析】|【相交】,将主要教学生活点位的缓冲区、交通站点的缓冲区和停车位点的缓冲区分别进行添加,设定输出文件名并选择全部字段,输出类型和输入类型一样(图 5.17),单击【完成】,可获得同时满足三个条件的交集区域(图 5.18)。

图 5.17　考虑因素相交的建立

图 5.18　"考虑因素的相交"的建立结果

再利用各级道路的噪声缓冲区对三个考虑因素的交集图层进行图层擦除操作，从而获得同时满足四个条件的区域。

选择【分析】|【工具】|【分析工具】|【叠加分析】|【擦除】，【输入要素】选择刚刚生成的"考虑因素的相交"，【擦除要素】是图 5.10 生成的各级道路缓冲区合集"武汉大学 buffer"（图 5.19）。运行后就获得了同时满足四个条件的交集区域，即校园宿舍的最佳选址区域"宿舍的选择"（图 5.20）。

图 5.19　【擦除】设置界面

4. 叠加分析

（1）叠加分析的定义：

所谓叠加分析，就是将包含感兴趣的空间要素对象的多个数据层进行叠加，产生一个新的要素图层。叠加分析的目标是分析在空间位置上有一定关联的空间对象的空间特征和专属属性之间的相互关系。多层数据的叠加分析，不仅产生了新的空间关系，还可

图 5.20　校园宿舍的最佳选址区域

以产生新的属性特征关系，能够发现多层数据间的相互差异、联系和变化等特征。Geoscene Pro 中的叠加分析包括基于矢量数据的叠加分析和基于栅格数据的叠加分析两大类。根据叠加对象图形特征的不同，分为点与多边形的叠加、线与多边形的叠加和多边形与多边形的叠加三种类型。

（2）本实验的叠加分析：

为了使结果更有说服力，更加直观，可以综合上述四个因子，对整个校园进行分等定级，分级标准是：①满足其中四个条件的为第一等级；②满足其中三个条件的为第二等级；③满足其中两个条件的为第三等级；④满足其中一个条件的为第四等级；⑤完全不满足上述条件的为第五等级。

分别打开主要教学生活点位、公交站点和停车点位影响范围的缓冲区图层的属性列表，分别添加"教学""公交"和"停车"字段，并全部通过【计算字段】赋值为1（图 5.21）。

OBJECTID *	Shape *	名称	BUFF_DIST	ORIG_FID	Shape_Length	Shape_Area	公交
1	面		100	0	0.006114	0.000003	1
2	面		100	1	0.006114	0.000003	1
3	面		100	2	0.006114	0.000003	1
4	面		100	3	0.006114	0.000003	1
5	面		100	4	0.006114	0.000003	1
6	面		100	5	0.006114	0.000003	1
7	面		100	6	0.006114	0.000003	1
8	面		100	7	0.006114	0.000003	1
9	面		100	8	0.006114	0.000003	1
10	面		100	9	0.006114	0.000003	1
11	面		100	10	0.006114	0.000003	1
12	面		100	11	0.006113	0.000003	1
13	面		100	12	0.006114	0.000003	1
14	面		100	13	0.006114	0.000003	1
15	面		100	14	0.006113	0.000003	

已选择0个，共18个

图 5.21　例子：公交站点的等级赋值（其余同）

同时，向校园内各级道路的噪声合集缓冲区图层（即图5.10生成的各级道路缓冲区合集"武汉大学 Buffer"）的属性列表中添加"噪声"字段，保存后通过【计算字段】全部赋值为"–1"。这里取–1的原因是噪声缓冲区之外的区域才是满足要求的（图5.22）。

图 5.22　校园内各级道路的噪声等级赋值

选择【分析】|【工具】|【分析工具】|【叠加分析】|【联合】，将四个缓冲区图层逐个添加进去，同时设定输出图层的地址和文件名"武汉大学 Union"（图5.23），单击【运行】，得到四个区域的叠加合并图（图5.24）。

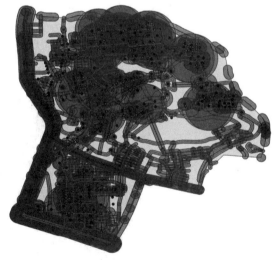

图 5.23　四个缓冲区的联合操作　　　　图 5.24　四个缓冲区的联合结果

打开生成的"武汉大学 Union"文件图层的属性列表，添加一个【短整型】字段【class】。然后在属性列表中的 class 字段上右键单击，选择【字段计算器】。单击之后，打开【字段计算器】对话框，选择"表达式"→"字段"内之前新建的各个字段，运算公式

"class =！教学！+！噪声！+！公交！+！停车！"（注意不可以手动输入，是点击选择各个字段名输入公式），将其进行分等定级（图 5.25）。

分等定级的标准为：①第一等级：数值为 3；②第二等级：数值为 2；③第三等级：数值为 1；④第四等级：数值为 0；⑤第五等级：数值为 -1。

最后，在"武汉大学 Union"图层的【符号系统】中将图层设置成"class"的分级显示，得到整个校园的分等定级图（图 5.26）。颜色越深，满足的条件就越多，就越是优选区域；而相对的颜色浅的区域则满足的条件较少，也就越不是优选区域（图 5.27）。

图 5.25　【计算字段】设置界面

图 5.26　"武汉大学 Union"的【主符号系统】设置

图 5.27　武汉大学校园宿舍选址区域评价图

七、总结与思考

本实验以武汉大学为例，通过缓冲区分析、叠置分析等方法，综合四项影响因素选择校园内最优的宿舍点位，并进一步对校园内的各位置进行选址评价，将校园宿舍选址区域评价图与缓冲区分析结果图相叠加，可以得到校内宿舍选址的最优分布图（图5.28）。

图5.28 武汉大学校园宿舍选址最优分布图

依据武汉大学校园宿舍选址最优分布图可知，只有少数位置为宿舍的最优分布点位，除此之外还有许多位置可以布置宿舍点位，因此可根据实际需求情况增设点位。因为研究手段的限制，实验中将各教学生活点抽象为点状要素进行研究，未考虑其面积的影响，也未考虑不同时间段校园内人流状况对道路使用及噪声产生的影响。后续研究将对此进行完善，以期为校园宿舍选址提供更准确的建议。

◎ **本实验参考文献**

[1]傅肃性.地理信息系统的理论与应用发展[J].地理科学进展，2001(2)：192-199.

[2]杨婧，童杰，张帅.ArcGIS矢量数据空间分析在市区择房中的应用[J].地理空间信息，2012，10(1)：119-120.

[3]王亚妮.基于GIS网络分析的西安市城区地铁站点可达性评价[J].西安文理学院学报(自然科学版)，2022，25(3)：106-111.

[4]戴忱.ArcGIS缓冲区分析支持下的城市规划用地布局环境适宜性分析[J].现代城市研究，2013(10)：22-28. DIO：10.3969/j.issn.1009-6000.2013.10.005.

[5] 王维敏. 城市人居环境选址研究分析——以成都市区为例[J]. 城市建设理论研究（电子版），2012(32).

[6] 白俊，荆威，王孟达，赵文权. 校园共享单车停车点选址综合评价[J]. 科技传播，2020，12(11)：163-165.

[7] 韩雪，束子荷，沈丽，纪凯婷，鲍香玉. 基于GIS网络分析的池州市主城区公园绿地可达性研究[J]. 池州学院学报，2021，35(3)：87-91.

[8] 戴晓爱，仲凤呈，兰燕，刘珊红. GIS与层次分析法结合的超市选址研究与实现[J]. 测绘科学，2009，34(1)：184-186.

[9] 谢华，都金康. 基于优化理论和GIS空间分析技术的公交站点规划方法[J]. 武汉理工大学学报(交通科学与工程版)，2004(6)：907-910.

实验六　校园共享电动车停车点选址评价
——以武汉大学为例

一、实验的目的和意义

随着社会经济的发展，人们不希望将过多时间消耗在日常通勤上。随着电动车在大学生群体中的逐渐普及，加上过量的私人电动车，给校园交通管制带来了一定的困扰，于是，共享电动车便在大学校园中应运而生。为了避免校园内出现共享电动车乱停乱放的现象，需要合理设置停放区域。本实验根据影响学生出行的因素对校园共享电动车停车点的选址进行评价，评价结果有助于优化停车点位布局，更方便学生日常出行。实验主要培养学生应用 GIS 的网络分析功能来处理实践中设施选址问题的能力。

二、实验内容

(1)学习 GeoScene Pro 中字段计算器、缓冲区分析、掩膜提取等工具的使用；

(2)学习网络数据集构建方法；

(3)学习网络分析中的"OD 成本矩阵"求解方法；

(4)学习【连接字段】工具，基于公用属性字段将一个表的指定内容添加到另一个表；

(5)学习【空间插值】方法，通过已知的空间数据来预测其他位置空间数据值，最终生成高连续的栅格图纸。

三、实验数据

本实验相关数据见表 6.1。

表 6.1　　　　　　　　　　　　　实验数据表

数　　据	类　　型	数据格式
校内共享电动车停放点	点要素	. shp

数 据	类 型	数据格式
校内大循环巴士停靠站	点要素	.shp
校内主要教学、居住点	点要素	.shp
校门位置	点要素	校门.shp
武汉大学(武昌区)各级道路	线要素	.shp
武汉大学(洪山区)各级道路	线要素	.shp
武汉大学校园范围	面要素	.shp

四、实验流程

首先利用交通路网数据构建网络要素数据集，导入待评价点位，构建 OD 成本矩阵并完成分析得到成本数据集，此后运用反距离权重法求得可达性分布图。最后利用校门位置、行人道路位置、主要教学点、居住点位置等要素的缓冲区分析和叠加分析，得到选址等级评价图。

具体实验流程如图 6.1 所示。

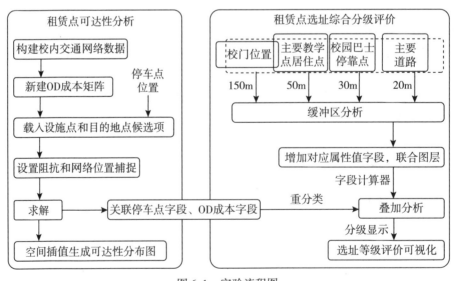

图 6.1 实验流程图

五、模型结构

图解建模是指用直观的图形语言将一个具体的过程模型表达出来。在这个模型中分别定义不同的图形代表输入数据、输出数据、空间处理工具，它们以流程图的形式进行组合并且可以执行空间分析操作功能。图 6.2 所示为本实践选题的模型结构图。

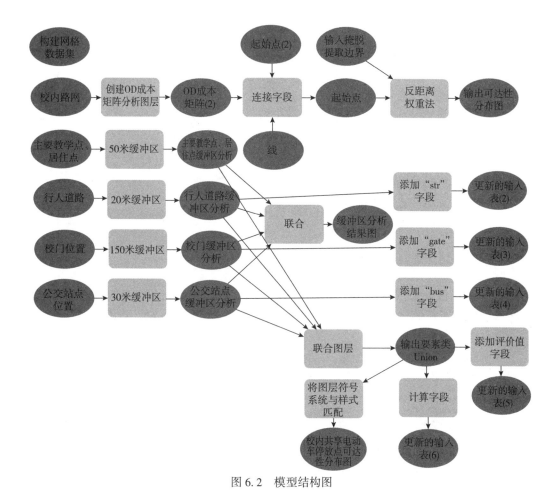

图 6.2　模型结构图

六、操作步骤

（1）打开 GeoScene Pro，单击【新建文件地理数据库（地图视图）】，命名为"选址评价"。

（2）单击导航栏中的【添加数据】（图 6.3），选择数据文件中的武昌区与洪山区的各级道路数据，点击【确认】，向地图中添加路网数据（图 6.4）。

图 6.3　【添加数据】步骤导航栏

图 6.4　武昌区与洪山区的各级道路数据

（3）在右侧目录菜单选择展开【工程】|【数据库】，右击"选址评价.gdb"，选择【新建】|
【要素数据集】（图6.5），将新建要素数据集命名为"校内路网"（图6.6），点击【运行】。

图 6.5　工程目录界面

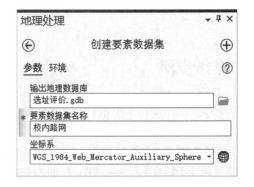

图 6.6　创建要素数据集设置界面

(4)右键单击新建的"校内路网"要素数据集(图6.7),选择【导入】|【要素类(多个)】,选择输入要素为数据文件中的武昌区与洪山区的各级道路数据(图6.8),点击【运行】,导入路网信息。

图6.7　导入路网信息目录界面　　　　图6.8　导入路网信息设置界面

(5)右键单击新建的"校内路网"要素数据集,选择【新建】|【网络数据集】(打开许可并重新启动),勾选武昌区与洪山区的各级道路数据为【源要素类】,【高程】选择"无高程",点击【运行】,构建"校内路网"网络数据集(图6.9),此时仅搭建完成框架,未完成构建,右击数据集查看【属性】,"边""交汇点"内容为0(图6.10)。

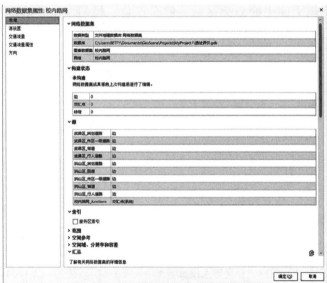

图6.9　网络数据集生成界面　　　　图6.10　"校内路网"网络数据集属性

（6）右键单击新建的"校内路网"网络数据集，选择【构建】，点击【运行】完成构建（图6.11），并将所生成的"校内路网_Junctions"添加至地图，此时右击数据集查看【属性】，构建数据显示完整（图6.12）。

图6.11　网络数据集构建界面

图6.12　网络数据集构建完成界面

（7）右键单击"选址评价.gdb"，选择【导入】|【要素类（多个）】，【输入要素】选择数据文件中的公交站点、停车点位、校门、主要教学生活点位（图6.13），点击【运行】，导入点位信息，并添加至地图中（图6.14）。

图6.13　要素导入设置界面　　　图6.14　停车点位数据图

（8）选择菜单栏中的【分析】|【网络分析】|【起点-目的地成本矩阵】（图6.15），启

动 O-D 分析工具。

图 6.15　网络分析设置导航界面

（9）选中新建的"OD 成本矩阵"，选择菜单栏中的【OD 成本矩阵】，选择导入【起始点】并输入"校内路网_Junctions"（图 6.16），选择、导入【目的地】并输入"停车点位"（图 6.17）。

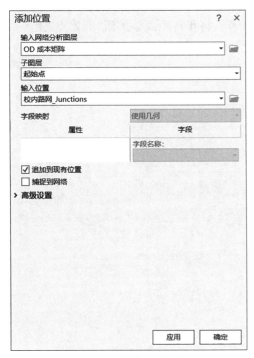

图 6.16　校内路网设置界面

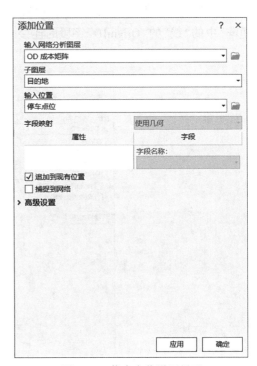

图 6.17　停车点位设置界面

（10）右键单击"OD 成本矩阵"，打开【属性】对话框，切换至【出行模式】，将【类型】设置为"步行"（图 6.18）。

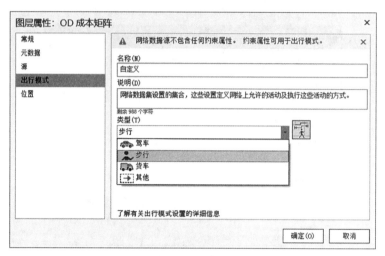

图 6.18　OD 成本矩阵设置界面

（11）点击工具条中的【运行】工具，完成运算。

（12）右键单击内容栏中的"起始点"图层，打开【属性表】，选择菜单栏中的【查看】一栏，选择【连接】|【添加连接】，设置基于"起始点"表的"ObjectID"字段和"OD 成本矩阵"中的"线"的"OriginID"字段的连接（图 6.19），将步行距离添加到"起始点"上。

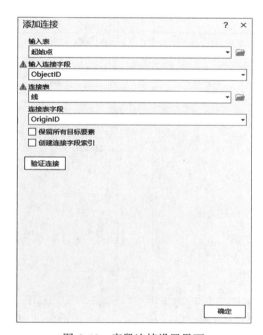

图 6.19　字段连接设置界面

(13)选择【分析】|【工具】|【空间分析工具】|【插值分析】|【反距离权重法】,【Z值字段】选择以步行距离"Total_Length",输入"起始点",并设置像元大小为5(图6.20),点击【环境】|【栅格分析】|【掩膜】,输入文件夹中的"whu 边界"数据(图6.21),点击【运行】,生成可达性分析图(图6.22)。

图 6.20　反距离权重法参数设置界面

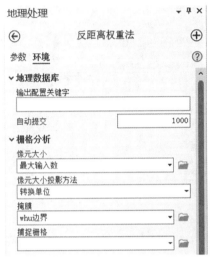

图 6.21　反距离权重法环境设置界面

图 6.22　可达性分析图

(14)距离教学点、居住点的远近对师生取得、停放该点位共享电动车有较大影响,距教学点、居住点越近,该点位共享电动车使用频率越高,点位选址越合理。选择【分析】|【工具】|【分析工具】|【邻近分析】|【缓冲区】,对"主要教学生活点位"生成距离

为50m的缓冲区(图6.23)。同理，对"校门"生成距离为150m的缓冲区(图6.24)，对"武昌区_行人道路""洪山区_行人道路"设置距离为20m的缓冲区(图6.25、图6.26)。

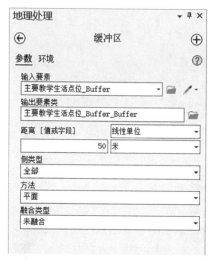
图6.23　主要教学生活区位置缓冲区设置

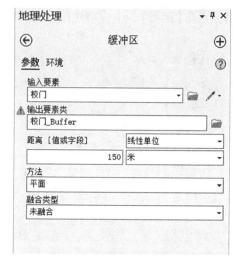
图6.24　校门位置缓冲区设置

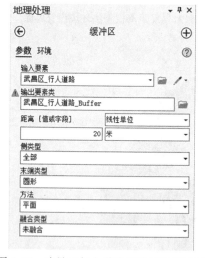
图6.25　武昌区行人道路缓冲区设置界面

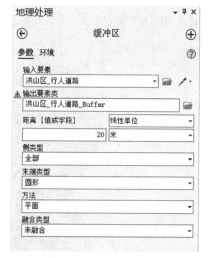
图6.26　洪山区行人道路缓冲区设置界面

(15)距离校园巴士停靠点的远近对师生取得、停放该点位共享电动车也有较大影响，距校园巴士停靠点越近，师生出行交通工具的选择越广泛，该点位共享电动车使用频率相应下降。选择【分析】|【工具】|【分析工具】|【邻近分析】|【缓冲区】，对"公交站点"设置距离为30m的缓冲区(图6.27)。

(16)选择【分析】菜单栏中的【联合】工具，将"洪山区_行人道路_Buffer""武昌区_行人道路_Buffer"合并为同一图层(图6.28)，便于后续字段值操作(图6.29)。

图 6.27　公交站点缓冲区设置

图 6.28　图层联合设置界面

图 6.29　缓冲区分析结果图

(17)右键单击"校门_Buffer"图层打开【属性表】，添加字段"gate"，选择【字段计算器】设置该字段值为1(图 6.30)。

	可见	只读	字段名	别名	数据类型	允许空值	突出显示	数字格式	属性域	默认	长度
	✓	✓	OBJECTID	OBJECTID	对象 ID	☐	☐	数字			
	✓		Shape	Shape	几何	✓	☐				
	✓		名称	名称	文本	✓	☐				60
	✓		BUFF_DIST	BUFF_DIST	双精度	✓	☐	数字			
	✓		ORIG_FID	ORIG_FID	长整型	✓	☐	数字			
	✓	✓	Shape_Length	Shape_Length	双精度	✓	☐	数字			
	✓	✓	Shape_Area	Shape_Area	双精度	✓	☐	数字			
	✓		gate		长整型	✓	☐	数字		1	

单击此处添加新字段

图 6.30　字段设置界面

（18）同上，在"行人道路_Buffer"图层，新增"str"字段并赋值为1；在"公交站点_Buffer"图层，新增"bus"字段并赋值为-0.5（双精度字段或浮点型字段）。

（19）选择【分析】菜单栏中的【联合】工具，将四个缓冲区图层合并为同一图层，设置输出为"Union"图层（图6.31），得到4个指标的合并图层。

图6.31　图层联合设置界面

（20）右键单击"Union"图层打开【属性表】，添加双精度字段"评价值"（图6.32），打开【字段计算器】输入公式：! bus! +! str! +! gate! +! 流量! /1000，将其进行分等定级（图6.33）。

可见	只读	字段名	别名	数据类型	允许空值	突出显示	数字格式	属性域	默认
☑	☐	名称_1	名称	文本	☑	☐			
☑	☐	BUFF_DIST_12_13_14	BUFF_DIST	双精度	☑	☐	数字		
☑	☐	ORIG_FID_12_13_14	ORIG_FID	长整型	☑	☐	数字		
☑	☐	gate	gate	长整型	☑	☐	数字		1
☑	☑	Shape_Length	Shape_Length	双精度	☑	☐	数字		
☑	☐	Shape_Area	Shape_Area	双精度	☑	☐	数字		
☑	☐	评价值		双精度	☑	☐	数字		

单击此处添加新字段。

图6.32　"评价值"字段设置界面

图6.33　字段计算公式设置界面

（21）双击"Union"图层图例，在【符号系统】中将其设置为"评价值"字段的分级显示(图6.34)，得到整个校园区域的分等定级图(图6.35)，颜色越深，满足的条件越多，就越是优选区域。

图6.34　符号系统设置界面

图6.35　校园共享电动车停车点分等定级图

七、总结与思考

本实验以武汉大学为例，通过网络分析、缓冲区分析、空间插值等方法，综合五个影响使用者选择该租赁点共享电动车的地理要素，对校内现存共享电动车租赁点布局做出了评价。将校园共享电动车停车点分等定级图与缓冲区分析结果图相叠加，可以得到校内共享电动车停放点可达性分布图(图6.36)。根据此图，得出以下结论：

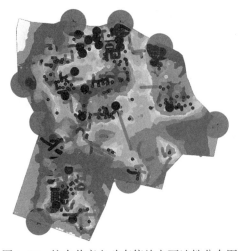

图6.36　校内共享电动车停放点可达性分布图

（1）依据校内共享电动车停放点可达性分布图可知，校内共享电动车停车点分布基本覆盖本部所有教学区，偶有涉及校内居民生活区；

（2）文理学部樱花大道、信息学部星湖三路、工学部松园西路因有道路连接几个连续的停车点，共享电动车停放点可达性较高；湖滨宿舍区、枫园宿舍区、桂园宿舍区因临近位置设置的停车点较多而可达性较高；

（3）自强大道、梅园二路、校大门处由于设置的停车点较少而可达性较低，可酌情增加点位；珞珈山及其周边因停车点设置较少以及环山道路较不通畅，可达性较低；

（4）文理学部与信息学部间停车点位的连通性较差，且该路段途经人流量较大的校大门区域，可考虑增设点位；

（5）依据校内共享电动车停车点分等定级图可知，校内共享电动车停车点基本分布于较优选的区域；

（6）文理学部校大门、樱花大道与自强大道路口、工学部茶港门、工学部北侧教学区等地停车点设置优选等级较高，但点位分布较少，可考虑根据实际需求情况增设点位。

因为研究手段的限制，本实验将各租赁点抽象为点状要素进行研究，未考虑各租赁点面积与停车量对受众选择的影响，以及不同时间段校园内人流状况对共享电动车使用的影响，后续研究需对此进行完善，以期为校园共享电动车租赁点选址提供更准确的建议。

可达性是指一个地理区域内不同点之间的相互关联程度。城市的可达性越高，人们在日常生活中的交通成本会越低，交通效率会越高。因此，进行可达性分析有助于评估城市规划方案的合理性，为城市发展提供决策依据。

可达性分析在城市发展中发挥着重要的作用，下面从以下几个方面进行具体探讨。

（1）住宅规划：在住宅规划中，可达性分析可以帮助决策者选择合适的用地，确保居民生活的便利。通过评估周边的交通网络和服务设施，如学校、医院和商业中心，可以提供更好的住房选择，满足人们日常生活的需求。

（2）商业规划：商业区的规划也需要考虑可达性因素。通过评估周边的交通网络，确定商业中心所在地的交通便利性，可以吸引更多的消费者，提高商业发展的可持续性。

（3）公共设施规划：公共设施的规划也需要考虑可达性分析。例如，教育设施的规划应该考虑学生的通勤时间和交通成本，医疗设施的规划应该考虑患者的交通便利性，等等。通过合理规划公共设施的位置，可以提高城市居民的生活质量。

◎ 本实验参考文献

[1]徐逸，朱江宇，赵静敏．大学校园共享电动车的推广使用及存在问题研究——以徐州市高校为例[J]．现代商业，2020，562（9）：28-30.

[2]王丹．校园共享电动自行车顾客满意度影响因素实证研究[J]．中国商论，2020,

817（18）：95-99.

［3］傅肃性.地理信息系统的理论与应用发展［J］.地理科学进展，2001（2）：192-199.

［4］吴红波，郭敏，杨肖肖.基于 GIS 网络分析的城市公交车路网可达性［J］.北京交通大学学报，2021，45（1）：70-77.

［5］王亚妮.基于 GIS 网络分析的西安市城区地铁站点可达性评价［J］.西安文理学院学报（自然科学版），2022，25（3）：106-111.

［6］朱晓杨，干宏程，刘勇，等.共享单车停车站点选址研究［J］.物流技术，2019，38（6）：74-78.

［7］Luis M Martinez, et al. An Optimisation Algorithm to Establish the Location of Stations of a Mixed Fleet Biking System：An Application to the City of Lisbon［J］. Procedia-Social and Behavioral Sciences，2012，54：513-524.

［8］王雷，姚志强，鹿凤.基于 GIS 网络分析的公共自行车租赁点布局评价［J］.交通科技与经济，2017，19（5）：38-41，47.

［9］李林凤，李进强，耿莲.基于 GIS 的城市共享单车虚拟站点选址规划——以闽江学院校区为例［J］.智能城市，2019，5（20）：4-8.

［10］白俊，荆威，王孟达，等.校园共享单车停车点选址综合评价［J］.科技传播，2020，12（11）：163-165.

［11］韩雪，束子荷，沈丽，等.基于 GIS 网络分析的池州市主城区公园绿地可达性研究［J］.池州学院学报，2021，35（3）：87-91.

［12］李新，程国栋，卢玲.空间内插方法比较［J］.地球科学进展，2000（3）：260-265.

［13］戴晓爱，仲凤呈，兰燕，等.GIS 与层次分析法结合的超市选址研究与实现［J］.测绘科学，2009，34（1）：184-186.

［14］谢华，都金康.基于优化理论和 GIS 空间分析技术的公交站点规划方法［J］.武汉理工大学学报（交通科学与工程版），2004（6）：907-910.

实验七　武汉市土地资源评价

一、实验的目的和意义

土地资源评价是土地在被用于规划时人们对土地性能的评定，也是在一定用途条件下评定土地质量高低的过程。土地资源评价通过定量和定性的方法对土地进行多角度、多层次的评估，包括土地产量、土地价值、生态环境质量等指标。这些评价结果可以为城乡规划提供重要的基础数据，确保规划方案的科学性和可行性。

资源环境承载能力和国土空间开发适宜性评价，简称"双评价"，是国土空间规划的基础，而土地资源评价是资源环境承载能力评价众多指标中的核心指标，土地资源评价与适宜性评价共同构成了对国土空间的全面评估体系。其中，前者侧重于分析土地的自然属性及其对农业生产、城镇建设等人类活动的支持能力，而适宜性评价则在此基础上进一步考虑社会经济条件和生态系统健康状况，综合判断某一区域进行不同开发利用方式的适宜程度。

在城镇建设适宜性评价中，将不适宜的用地类型扣除，例如扣除现状生态用地(湿地、水域、林地、草地)、基本农田保护区内的用地以及现状建设用地(城镇建设用地、交通运输用地等)，从而识别出城镇建设的潜力空间。

本实验以武汉市为研究区，借助空间信息技术，结合武汉市地形数据，从城镇建设的可利用程度方面对武汉市的土地资源进行了评价，对于坡度大、地形起伏度大等不适宜大规模开发建设的地区赋予较低的评价值，将不适宜的用地类型予以扣除，从而识别出城镇建设的潜力空间，以期为科学合理的国土空间开发提供参考。

二、实验内容

(1)巩固 GeoScene Pro 中各类空间分析工具的使用方法；
(2)利用【坡度】工具获取武汉市地形坡度数据；
(3)重分类获取地形坡度评价结果；
(4)使用【焦点统计】工具获取武汉市地形起伏度因子修正数据；
(5)使用【栅格计算器】利用地形起伏度因子修正评价结果；

（6）利用【重分类】工具对评价结果进行二次修正。

三、实验数据

地形数据采用中国科学院计算机网络信息中心地理空间数据云平台（http：//www.gscloud.cn）的 GDEM 数字高程产品，空间分辨率是 30m，通过 GeoScene Pro 获取高程、坡度以及地形起伏度信息。见表 7.1。

表 7.1   实验数据表

数据	类型	数据格式	数据范围
DEM 高程数据	栅格数据	. tif	武汉市

四、实验流程

武汉市土地资源评价分为两个步骤。首先，分别对武汉市的地形坡度、高程、地形起伏度进行分析评价，这些地形因素对于理解区域地貌特征、规划交通路线、防治地质灾害等都至关重要，因而需要全面了解该地区的地形特征及其对土地利用和规划的影响。然后，利用地形起伏度对坡度评价结果进行修正，最终可为城镇建设条件等级评价提供参考标准。实验流程如图 7.1 所示。

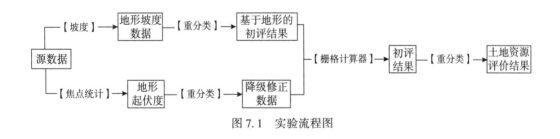

图 7.1   实验流程图

五、模型结构

图解建模是指用直观的图形语言将一个具体的过程模型表达出来。在这个模型中分别定义不同的图形代表输入数据、输出数据、空间处理工具，它们以流程图的形式进行组合，并且可以执行空间分析操作功能。图 7.2 所示为本实验的模型结构图。

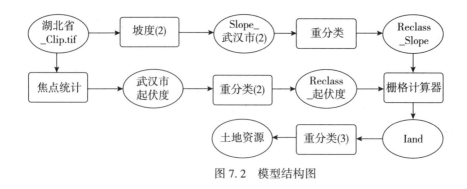

图 7.2　模型结构图

六、操作步骤与原理

因子分析方法是 GIS 空间分析，尤其 GIS 数字地形分析常用的基本分析方法。不同的地形因子从不同侧面反映了地形特征。根据其所描述的空间区域范围，常用的地形因子可以划分为微观地形因子与宏观地形因子两种基本类型(图 7.3)。

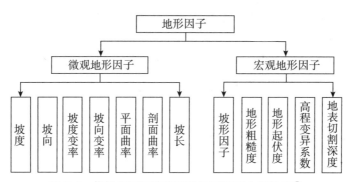

图 7.3　依据空间区域范围的地形因子分类体系①

本实验中，土地资源评价需要用到的因子分析方法有坡度分析和地形起伏度分析。
(1)对地形坡度进行评价，得到初评结果。

GeoScene Pro 中坡度工具主要用于分析地表坡度，即地表面任意一点的切平面与水平地面之间的夹角。其原理是通过计算每个像元(或点)与其相邻像元(或点)之间的高程变化率来确定坡度值。地表单元坡度坡向示意图如图 7.4 所示。

---

① 来源：汤国安，杨昕 . ArcGIS 地理信息系统空间分析实验教程。

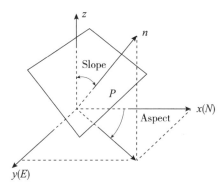

图 7.4　地表单元坡度坡向示意图①

　　坡度分析有助于识别地形特征，如山谷、山脊、陡坡、缓坡等。在城市规划中，坡度分析有助于确定建筑物的适宜建设区域、道路选线、排水系统设计等。例如，在坡度较大的区域应避免建设高层建筑，以减少地基沉降和滑坡的风险。在土地利用规划中，坡度分析可以帮助确定不同地块的适宜用途。例如，坡度较缓的区域适合农业种植和城市建设，而坡度较大的区域则更适合作为生态保护区或旅游景观区。

　　对武汉市 DEM 数据进行坡度提取，基于"双评价"技术指南，依照 ≤3°、3°~8°、8°~15°、15°~25°、≥25° 进行坡度分级。其中，≤3° 表示地形非常平坦，适宜进行城镇开发建设；3°~8° 表示地形较为平缓；8°~15° 表示地形中等倾斜；15°~25° 表示地形较陡峭；≥25° 表示地形非常陡峭，不适宜进行城镇开发建设。

　　(2)利用【焦点统计】工具分析地形高程、地形起伏度等因子对初评结果进行修正，得到土地资源评价结果。

　　一般在土地资源评价中，需依照 ≥5000m 和 3500~5000m 对地形高程进行分级。对于高程 ≥5000m 的区域，由于其极端的高度条件，通常不适宜人类居住和大规模开发，因此直接将其土地资源等级定为最低等。而高程在 3500~5000 米之间的区域虽然相对适宜居住，但考虑到坡度等因素的影响，将坡度分级降 1 级作为土地资源等级，以更准确地评估这些区域的开发潜力和限制。由于武汉市全市海拔均小于 3500m，在后续评价过程中，无需使用地形高程因子修正初评结果。

　　利用焦点统计工具计算武汉市地形起伏度，依照 >200m 和 100~200m 对地形起伏度进行分级。这种分级方法主要是为了反映不同地形条件下土地的适宜性和生产力差异。起伏度 >200m 的区域通常表示地形起伏较大，可能包含山地、丘陵等地貌类型；起伏度 100~200m 的区域表示地形起伏适中，可能包含台地、平原与丘陵的过渡地带。这类地区通常具有较低的生产力和较差的建设条件，因此需要降低其土地资源等级以反映这些限制因素。

---

　　①　来源：汤国安，杨昕 . ArcGIS 地理信息系统空间分析实验教程。

焦点统计工具主要用于计算指定邻域大小内的统计值，并将结果重新赋予中心像元。其原理是通过访问输入栅格中的每个像元，并计算落在其周围指定邻域形状内的像元的统计数据。这些统计数据可以包括众数、最大值、平均值、中值、最小值、少数、百分比数、范围、标准差、总和及变异度等(见表7.2)。

表 7.2　　　　　　　　　　　　　　焦点统计工具的功能

统计类型	介　　　绍	应用
MEAN	计算邻域内像元的平均值	
MAJORITY	计算邻域内像元的众数(出现次数最多的值)	
MAXIMUM	计算邻域内像元的最大值	提取山顶点
MEDIAN	计算邻域内像元的中值	
MINIMUM	计算邻域内像元的最小值	
MANORITY	计算邻域内像元的少数(出现次数最少的值)	
RANGE	计算邻域内像元的范围(最大值和最小值之差)	地形起伏度
STD	计算邻域内像元的标准差	
SUM	计算邻域内像元的总和(所有值的总和)	
VIRIETY	计算邻域内像元的变异度(唯一值的数量)	

(3)地形起伏度是指特定区域内最高点海拔与最低点海拔的差值，是描述地形特征的宏观性指标。利用焦点统计工具，可以选择"RANGE"作为统计类型，计算邻域内像元的最大值和最小值之差，从而得到地形起伏度的结果。

城镇建设功能指向的土地资源评价参考阈值见表7.3。

表 7.3　　　　　　　城镇建设功能指向的土地资源评价参考阈值表

评价因子	分级/评价参考阈值	评　价　值
地形坡度	≤3°	5
	3°~8°	4
	8°~15°	3
	15°~25°	2
	≥25°	1

评价因子	分级/评价参考阈值	评 价 值
地形高程	≥5000m	土地资源评价等级直接取最低等级 1
	3500~5000m	将坡度分级降 1 级作为土地资源评价等级
地形起伏度	>200m	将坡度分级降 2 级作为土地资源评价等级
	100~200m	将坡度分级降 1 级作为土地资源评价等级

在坡度评价与地形起伏度评价过程中,需要利用【重分类】工具对不同坡度和地形起伏度赋予不同的评价值。

重分类就是对原有栅格 Q 像元值重新分类从而得到一组新值并输出。分类工具有多种方法可将像元值重新分类或更改为替代值。一次对多个值或成组的值进行重分类的方法是:使用替代字段,于某条件,按指定的间隔(如按照 10 个间隔)将值分组,再按区域重分类(如将值分成 10 个所含像元数量保持不变的组)。这些工具将输入栅格中的众多值轻松地更改为所需值、指定值或替代值。所有重分类方法适合区域中的每个像元。也就是说,当对现有值应用某替代值时,所有重分类方法都将该替代值应用到现有值的各个像元。分类方法不会仅对输入区域的一部分应用替代值。

按单个值进行重分类示例如图 7.5 所示。

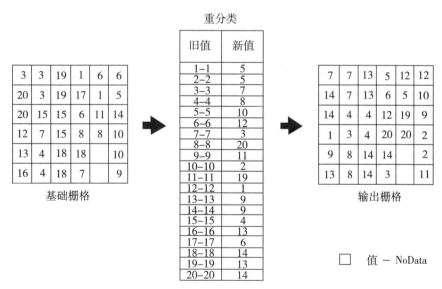

图 7.5 按单个值进行重分类示例

(4)打开 GeoScene Pro,新建工程,命名为"土地资源评价"(图 7.6)。

图 7.6　新建工程并命名

(5)单击导航栏中的【添加数据】，选择数据文件夹/武汉市文件夹中的 DEM 数据"湖北省_Clip . tif"(图 7.7 和图 7.8)；

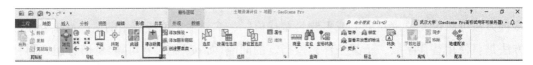

图 7.7　选择导航栏中【添加数据】

图 7.8　导入数据结果

(6)地形坡度评价。打开顶部导航栏中【分析】|【工具】(图 7.9)，在右侧工具栏中选择【空间分析工具】|【表面分析】|【坡度】工具，设置参数如图 7.10 所示，获得地形坡度数据(如图 7.11 所示)。

图 7.9　导航栏

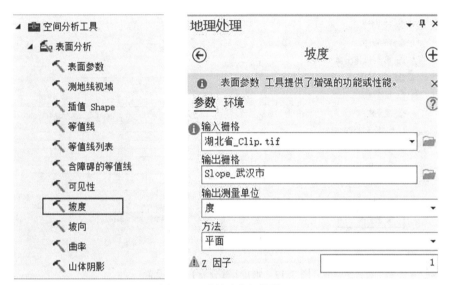

图 7.10　【坡度】参数设置

图 7.11　地形坡度计算结果

（7）基于地形坡度因子的初评。选择【空间分析工具】|【重分类】|【重分类】工具，

设置参数如图 7.12 所示,获得基于地形坡度因子的初评数据(如图 7.13 所示)。

在这一步骤,根据前文表格中的坡度分级,坡度越平缓的地方越适合城镇发展建设,因而对坡度平缓地区赋予较高的评价值,对坡度陡峭的地区赋予较低的评价值。

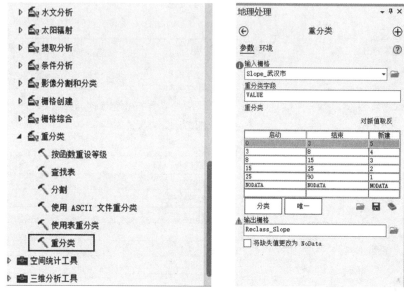

图 7.12 坡度【重分类】参数设置

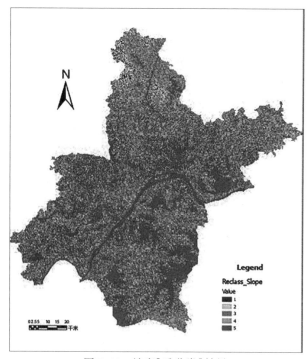

图 7.13 坡度【重分类】结果

（8）地形起伏度评价。选择【空间分析工具】|【邻域分析】|【焦点统计】工具，设置参数如图 7.14 所示，获得地形起伏度数据（如图 7.15 所示）。

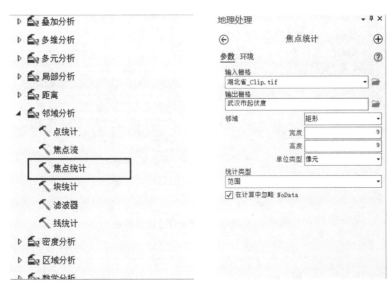

图 7.14　起伏度计算设置界面

图 7.15　起伏度计算结果

（9）地形起伏度越大的地区越不适合城镇发展建设。选择【空间分析工具】|【重分类】|【重分类】工具，设置参数如图 7.16 所示，获得基于地形起伏度因子的降级修正数据（如图 7.17 所示）。

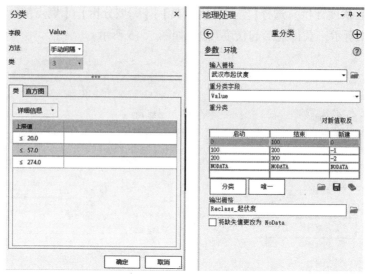

图 7.16　起伏度【重分类】设置界面

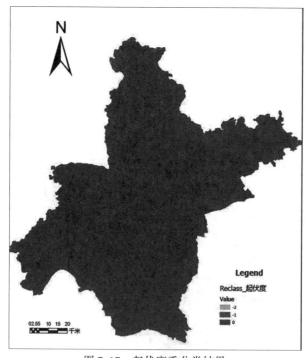

图 7.17　起伏度重分类结果

　　(10)修正初评结果，由图 7.18 可知，武汉市最高海拔为 823m，由于研究范围内地形高程均小于 3500m，只需要用地形起伏度因子修正初评结果，选择【空间分析工具】|【地图代数】|【栅格计算器】工具，设置参数如图 7.19 所示，获得由地形起伏度对初评结果的初步修正结果(如图 7.20 所示)。

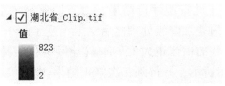

图 7.18

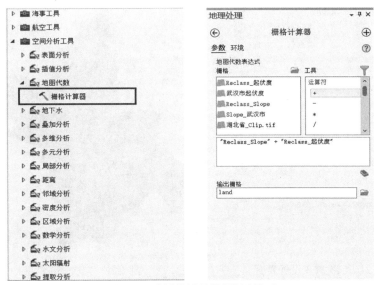

图 7.19 【栅格计算器】设置界面

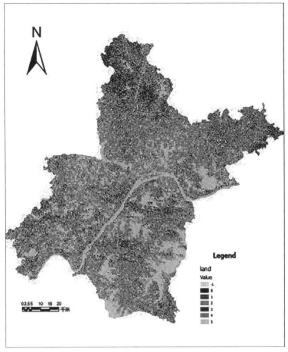

图 7.20 初评结果修正

　　(11)继续修正并获得土地资源评价结果，由于地形起伏度因子的评价值存在小于等于0的值，与坡度评价值叠加降级处理之后结果出现了小于及等于0的值，需要进行二次修正，将小于及等于0的值修正为1，选择【空间分析工具】|【重分类】|【重分类】工具，设置参数如图7.21所示，并得到二次修正结果(如图7.22所示)。

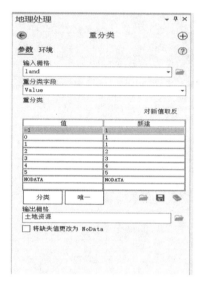

图7.21　二次修正设置界面

图7.22　二次修正结果

　　(12)右键单击"土地资源"图层，选择【符号系统】，进行符号系统设置(如图7.23所示)，获得最终的土地资源评价结果(如图7.24所示)。

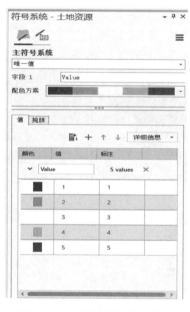

图7.23　【符号系统】设置界面

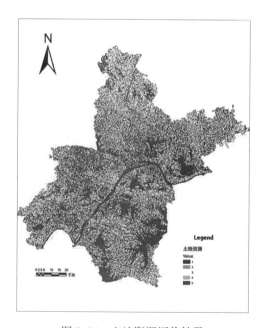

图7.24　土地资源评价结果

七、总结与思考

武汉市城镇建设的高等级土地资源分布在武汉市的大部分地区，主城范围内都是高评分的土地，这些高分土地主要用于商业、住宅及公共服务等用途，表明该区域的土地利用效率较高且经济活动频繁。而评分较低的土地则大部分分布于北部山区和城市郊区，这些区域通常以农用地、林地和绿地为主，土地利用率相对较低，但具有较大的发展潜力和空间扩展余地。

通过 GeoScene Pro 空间分析工具对武汉市坡度和地形起伏度进行分析，可以发现坡度与地形起伏度是影响土地利用方式、水土流失风险、交通建设难度及生态环境保护的重要因素。准确评估这些因素对于武汉市的城市规划、土地利用及生态环境保护具有重大意义。例如，在适宜性评价中，坡度较大的区域可能不适合大规模开发，而需要考虑防洪排涝和交通线路规划等。通过 GeoScene Pro 的空间分析功能，我们可以直观地展示武汉市的地形地貌特征，识别出坡度较大、地形复杂的区域。同时，这一分析过程也有助于我们更好地理解武汉市土地资源的分布规律与利用潜力，为未来的城市发展和土地管理提供有力保障。

武汉市土地资源的分布与利用，是城市发展历程中不可忽视的重要方面。通过深入分析土地资源的分布规律与利用潜力，结合 GeoScene Pro 等现代科技手段的辅助，武汉市正逐步构建起一个既符合经济发展需求，又兼顾生态环境保护的城市发展新模式。这一模式的实施，将为武汉市乃至整个华中地区的未来发展注入新的活力与希望。

◎ 本实验参考文献

[1]周婕，牛强.城乡规划 GIS 实践教程[M].北京：中国建筑工业出版社，2017.

[2]牛强，严雪心，侯亮.城乡规划 GIS 技术应用指南国土空间规划编制和双评价[M].北京：中国建筑工业出版社，2020.

[3]汤国安，杨昕.ArcGIS 地理信息系统空间分析实验教程[M].北京：科学出版社，2012.

实验八　GeoScene 日照分析
——以武汉大学某片区为例

一、实验的目的和意义

近年来，随着城市发展步伐加快，城市建筑用地呈现出越来越紧张的趋势，垂直式建成环境已成为城市发展的常态。而追求超大的容积率，导致建筑日照的严重不足，逐渐成为垂直式建成环境中的主要问题之一。如何才能在规划设计阶段便找出不符合建筑日照规范的建筑，促进城市人居环境高质量发展呢？GeoScene 空间分析工具可以为此提供准确的依据。太阳光源属于平行光光源，我们可以通过模拟太阳平行线光源，对住宅建筑进行日照分析，并模拟规定时间段内的阴影范围，分析阴影与建筑物的空间叠加关系，找出不符合日照标准的建筑物。

二、实验内容

(1)学习 GeoScene Pro 中栅格计算器、重分类、山体阴影等工具的使用；
(2)学习日照分析方法；
(3)学习日照分析中的【坡向】工具，提取建筑物背光面轮廓；
(4)学习【山体阴影】工具，分别提取 3 个时刻的山体阴影；
(5)学习【按位置选择】方法查询不符合建筑日照规范的建筑。

三、实验数据

本实验的相关数据见表 8.1。

表 8.1　　　　　　　　　　　　　实验数据表

数　　据	类　型	数据格式
武汉大学住宅案例	面状要素	. shp

四、实验流程

如果要提取太阳在规定时间段不同方位角生成的建筑物阴影,就必须获得建筑物的层数和高度数据,生成建筑物高度的阴影。我国的建筑日照标准规定:建筑物底层至少要满足在冬至的 12:00—14:00 能接收到太阳照射。要判断 12:00—14:00 建筑的遮挡情况,需计算 3 个时刻(即 12:00、13:00 和 14:00)的日照情况,近似模拟该时间段的阴影范围。如果在这 3 个时刻都没有遮挡,则建筑间距满足日照要求。最后,通过分析阴影与建筑物的空间叠加关系,找出不符合日照标准的建筑物。

工作流程如图 8.1 所示。

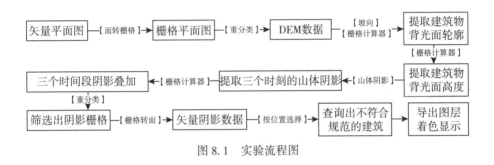

图 8.1　实验流程图

五、模型结构

图解建模是指用直观的图形语言将一个具体的过程模型表达出来。在这个模型中分别定义不同的图形代表输入数据、输出数据、空间处理工具,它们以流程图的形式进行组合并且可以执行空间分析操作功能。图 8.2 为本实验的模型结构图。

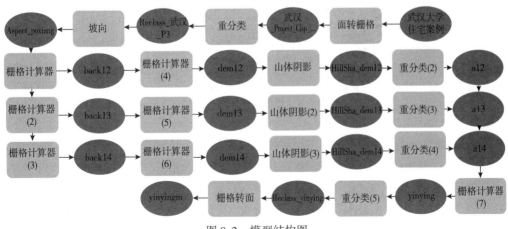

图 8.2　模型结构图

六、操作步骤

（1）矢量转栅格。处理阴影要在栅格数据的基础上进行，我们要将"武汉大学住宅案例"图层由矢量数据转为栅格数据。使用【面转栅格】工具，将【值字段】设置为"高度"，【像元大小】取值为 1，其余参数如图 8.3 所示。得到一张建筑物的 DEM 图"武汉大学住宅案例_change"。建筑物数字高程模型如图 8.4 所示。

图 8.3　面转栅格视图

图 8.4　建筑物数字高程模型

（2）栅格重分类。由于建筑物边缘在后续操作中要计算坡向，但边缘外面的值是"NoData"，这样无法计算建筑外边缘，所以我们要将"NoData"的数值设为 0。

（3）使用【重分类】工具，输入栅格选择"武汉大学住宅案例_change"，【重分类字段】选择"Value"，将"NoData"的新值设置为 0，其余和图 8.5 中一致，得到最终可用于阴影分析的 DEM 图层，结果如图 8.6 所示。

图 8.5 【重分类】设置界面

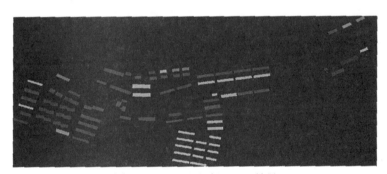

图 8.6 "Reclass_武汉_P3"结果

(4)计算坡向。选择【坡向】工具，输入栅格为"Reclass_武汉_P3"（图 8.7），生成坡向数据"Aspect_poxiang"如图 8.8 所示。

图 8.7 坡向视图

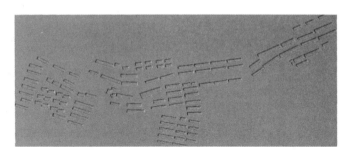

图 8.8 "Aspect_poxiang"结果图

（5）提取建筑物的背光面轮廓。利用 ISV 软件查询该小区所在地区经度为 114.35°，纬度为 30.53°。2020 年武汉市冬至日为 12 月 21 日。

利用 OSGeo 开放数据平台提供的太阳高度角、太阳方位角在线计算器计算该小区于 12:00、13:00、14:00 三个时刻的数据。最终结果整理汇总见表 8.2。

表 8.2　　　　　　　　　　　太阳高度角与方位角计算结果

时刻	12:00	13:00	14:00
高度角	36.03°	34.15°	28.84°
方位角	0°	16.68°	31.58°
ArcGIS 中的方位角	180°	196.68°	211.58°

假设在 t_0 时刻太阳的方位角为 A，则建筑物在 t_0 时刻的向光面坡向为 $[A-90，A+90]$，据此分别提取不同时刻的建筑物背光面轮廓 back。具体公式见表 8.3。

表 8.3　　　　　　　　　　　建筑物背光面轮廓提取公式

时刻	计 算 公 式
12:00	~(("aspect12">=90)&("aspect12"<=270))&("aspect12">=0)
13:00	~(("aspect13">=106.68)&("aspect13"<=286.68))&("aspect13">=0)
14:00	~(("aspect14">=121.58)&("aspect14"<=301.58))&("aspect14">=0)

使用【栅格计算器】工具，分别计算 12:00、13:00 和 14:00 的背光轮廓数据。先计算 12:00 数据，输入公式：~(("Aspect_poxiang">=90)&("Aspect_poxiang"<=270))&("Aspect_poxiang">=0)，计算在 12:00 方位角为 180° 的建筑物背光面轮廓（图 8.9），输出结果"back12"如图 8.10 所示。

图 8.9　栅格计算器视图

图 8.10　12:00 建筑物背光面轮廓图

再利用表 8.3 中公式分别计算 13:00 和 14:00 的建筑物背光面轮廓，输出结果"back13"和"back14"如图 8.11 所示。

图 8.11　13:00、14:00 建筑物背光面轮廓图

(6)提取建筑物背光面的高度数据。使用【栅格计算器】工具，输入公式："back12" * "Reclass_武汉_P3"，计算在 12:00 的建筑物背光面轮廓高度。输出栅格"dem12"如图 8.12 所示。

图 8.12　12:00 建筑物背光面轮廓高度

分别利用"back13"和"back14"，计算 13:00 和 14:00 的建筑物背光面的高度数据，输出结果"dem13"和"dem14"如图 8.13 所示。

(7)计算建筑物的阴影。根据上述表格中当地时间 12:00、13:00、14:00 的太阳方位角和高度角，以及背光面的高度计算阴影。先计算 12:00 的建筑物阴影，使用【山体阴影】工具，【输入栅格】选择"dem12"，选择对应的方位角"180"和高度角"36.03"，并勾选"模拟阴影"，输出"HillSha_dem12"，如图 8.14 所示。

同理，计算 13:00 和 14:00 的建筑物阴影，方位角和高度角参数同表 8.2 一致，输出结果"HillSha_dem13"和"HillSha_dem14"如图 8.15 所示。

(8)由于获得的阴影数据中，只有值为 0 的是阴影数据，遂利用【重分类】工具，将阴影分为两端重新赋值，将 0 赋值为 1 代表阴影，其余赋值为 0。将"HillSha_dem12""HillSha_dem13"和"HillSha_dem14"分别重分类为"a12""a13"和"a14"，如图 8.16 所示。

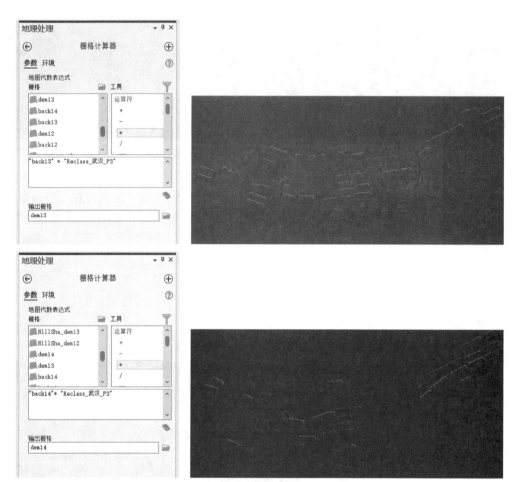

图 8.13　13:00、14:00 建筑物背光面轮廓高度

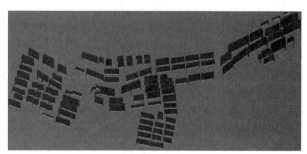

图 8.14　12:00 建筑物阴影图

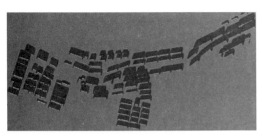

图 8.15　13:00、14:00 建筑物阴影图

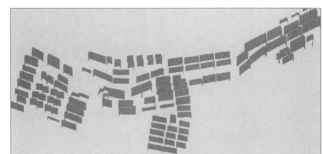

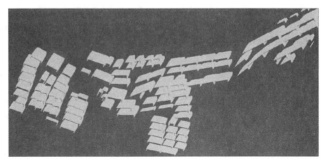

图 8.16　重分类后建筑物阴影图

使用【栅格计算器】工具，叠加以上三个阴影图层为一个阴影，输入公式："a12"+"a13"+"a14"，获得阴影图层"yinying"如图 8.17 所示。

图 8.17　12:00—14:00 建筑物阴影图

该时间段的阴影范围分别取值为 0、1、2、3；值为 0 的区域属于非阴影栅格；值为 1 的区域属于在某一个时刻存在阴影；值为 2 的区域属于在某两个时刻存在阴影；值为 3 的区域属于在三个时刻都存在阴影。凡是大于 0 的部分，在 12:00—14:00 时间段内有阴影遮挡建筑物的情况。

使用【重分类】工具，对"yinying"进行重分类，将大于 0(1、2、3)的值重新赋值为 1，新值 1 代表阴影，输出"Reclass_yinying"，如图 8.18 所示。

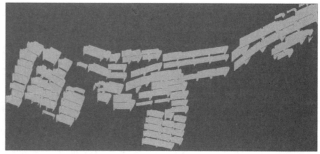

图 8.18　重分类后 12:00—14:00 建筑物阴影图

(9)判断阴影和建筑物的覆盖关系，需要将阴影栅格数据转为面数据。打开"Reclass_yinying"属性表，选中 value 值为 1 的阴影栅格部分，使用【栅格转面】工具，【输入栅格】选择"Reclass_yinying"，【字段】设置为"Value"，勾选"简化面"，输出面要素"yinyingm"，如图 8.19 所示。

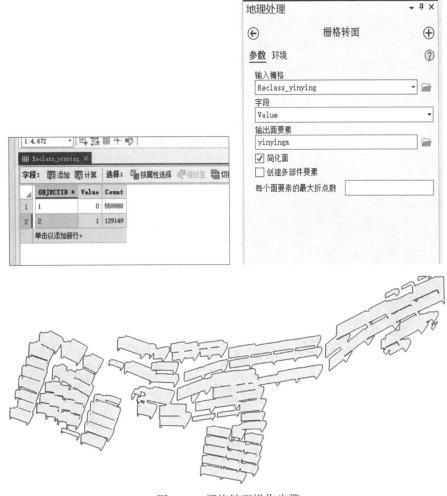

图 8.19　栅格转面操作步骤

(10)查询不符合日照标准的建筑物。依次使用【地图】|【按位置选择】工具，输入要素"武汉大学住宅案例"，选择要素"yinyingm"，关系设置为"中心在要素范围内"，选出建筑物质心落在阴影内的楼栋，即为不符合日照标准的建筑物。如图 8.20 所示。

(11)导出要素。不清除选中要素，选择图层"武汉大学住宅案例"，右键选择【数据】|【导出要素】，导出不符合日照标准的楼栋"disqualification"，如图 8.21 所示。深色的楼栋为不符合日照标准的住宅楼，浅色的楼栋是符合日照标准的住宅楼。

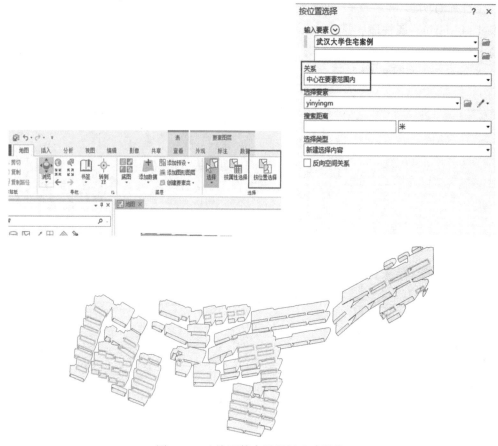

图 8.20　查询不符合日照标准建筑物

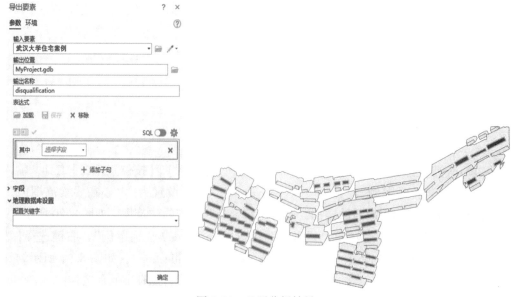

图 8.21　日照分析结果

七、总结与思考

本实验选取的案例为武汉大学的某一住宅区，案例住宅分布见图 8.22。分析如下：

(1)通过实地考察调研得知，该小区建筑年代较远，大多数十分老旧，从分析结果来看，小区内建筑物几乎半数不符合建筑日照规范，说明小区在设计阶段并没有充分考虑建筑日照标准。

(2)从违背规范的建筑来看，大多数集中在 A 区和 B 区。B 区和 A 区建筑层数不高，其主要原因为建筑密度过高，楼间距太小。C 区内部均出现了部分楼栋为中高层建筑，建筑高度与周边不符，但楼间距并未改变，阻挡了后方住宅的日照。

图 8.22　武汉大学住宅案例分布图

(3)针对分析方法来看，相比传统日照分析方法如依据手工计算、手工作图分析等，实习案例中提出的方法操作过程简便，每一计算结果均有图形显示，清晰易懂。分析结果可为其他建筑物满足日照规范设计提供参考。

随着建筑用地日益紧张，保证住宅建筑必要的日照条件关系到每个居住者的健康，近年来，建筑日照规范越来越受到设计人员的重视。通过资料查找，总结出目前日照分析在城市规划中的应用，主要集中在以下三方面：

(1)旧城改造过程中的应用，主要研究在满足周边建筑日照、退让地界、建筑间距等条件下合理确定待开发地块的容积率及建筑高度。

(2)城市设计阶段中的应用，通过引入日照分析为建筑体量、体块模型确定提供参考。

(3)制定建筑间距及相关参数中的应用，主要研究通过日照分析确定建筑间距系数，辅助建筑退线、建筑间距系数等相关技术规范制定。此外，通过对修建性详细规划日照进行审核，判断方案是否满足国家日照标准作为方案评估的重要依据。

同时，本实验只采取了理想状态下的建筑轮廓对住宅楼进行日照分析。我们还可以通过无人机和遥感影像技术，对建筑物的高度和外观进行更精确的数据采集。在日照分析过程中，考虑单体建筑中的细部设计，例如阳台、雨棚等，是否对其他建筑造成日照遮挡，以便于优化建筑高度以及外立面设计。

　　本实验利用 GeoScene 技术进行建筑日照分析，能够从定量化指标和可视化工具上直观、真切地识别不满足日照规范的建筑，为建筑与居住区设计工作提供实证依据。

◎ **本实验参考文献**

[1] 中华人民共和国住房和城乡建设部 . GB 50096—2011 住宅设计规范 [S] . 北京：中国建筑工业出版社，2012.

[2] 孙彩敏，许军 . 基于 GIS 的建筑物日照分析 [J] . 地矿测绘，2018，34(4)：28-31.

[3] 梅晓丹，马俊海，刘佳尧，等 . 基于 ArcGIS 的城市建筑物日照分析及应用 [J] . 测绘工程，2018，27(7)：36-40.

[4] 许德标 . 日照分析在居住区规划和建筑设计中的问题探讨 [J] . 城市建筑，2016(29)：56.

实验九　空间计量分析

一、实验的目的和意义

城市各类服务设施作为居民日常生活配套的物质载体，涵盖医疗、教育和休闲娱乐等众多类型，直接影响着城市居民在买房选址等方面的决策，进而影响人口布局。同样，各类就业机会的存在也影响着城市人口的分布格局。目前国内部分城市在服务设施的供给和服务质量方面还存在一定的短板，就业机会的分布也存在不均等的现象，长此以往可能会引发系列性社会问题。在我国进入全面发展的新时期，提升城市服务设施的供给水平，平衡就业机会，维护社会公平尤为必要。

本实验以武汉市各街道行政区划为研究对象，结合空间计量分析，对武汉市区内所有街道行政区划单元内的各类服务设施与就业机会的数量分布以及对应街道的人口数量进行空间相关性分析。通过搜集数据，利用 GeoScene Pro 的空间分析功能，对设施的分布情况、特征等信息进行描述与分析，总结其特征，再进一步结合人口分布数据，利用相关性分析模型，分析人口空间分布情况与各类设施的数量分布情况是否存在显著的空间相关性。并以此为依据，指导城市各类设施与各地区就业机会的分配。

二、实验内容

（1）学习 GeoScene Pro 中的热点分析、核密度分析、普通最小二乘法、地理加权回归等工具的使用；

（2）学习数据可视化的方法；

（3）学习利用地理加权回归模型进行自变量与因变量之间局部空间相关性的分析；

（4）学习最小二乘法与地理加权回归法的区别与联系。

三、实验数据

本实验所需数据见表9.1。

表9.1 实验数据表

数　据	类　型	数据格式
武汉市街道人口数据	表格数据	. csv
公共管理与公用服务	点状要素	. shp
交通服务	点状要素	. shp
就业机会	点状要素	. shp
科教文化服务	点状要素	. shp
商业与金融服务	点状要素	. shp
生活服务	点状要素	. shp
体育与休闲服务	点状要素	. shp
医疗保健服务	点状要素	. shp
武汉市行政区划	面状要素	. shp

四、实验流程

本实验流程包含以下五个步骤，实验目标为全面了解武汉市各街道的服务设施与人口分布之间的空间关联关系，并为城市规划决策提供参考。

1. 获取整体上的空间关联关系

首先需要分析服务设施和人口在整个研究区域内的空间分布特征，以了解其总体的空间格局。这一步的关键在于识别服务设施和人口在地理空间上的分布规律，以及它们之间的基本空间关系。

（1）数据收集与导入：收集武汉市各街道的服务设施和人口数据，导入 GeoScene Pro 中。所需数据包括医疗、教育、休闲娱乐等各类设施的分布信息，以及武汉市每个街道的人口数据。

（2）数据标准化处理：所有数据必须统一投影至相同的坐标系，以确保空间分析的准确性。投影系统的选择基于研究区域的地理特征。

2. 数据整合与空间关联

通过数据整合和空间关联分析，量化数据并以此理解各街道的设施分布与人口分布之间的关系。具体而言，通过分析揭示每个街道的各类设施数量与其人口数量之间的相关性。

（1）空间连接：将服务设施的点数据与街道行政区划的面数据进行空间连接，统计每个街道上不同设施的数量。这一步骤有助于量化每个街道内的服务设施数量，并与人口数据建立直接关联。

（2）字段连接：将各个街道的人口数据与街道数据连接，使每个街道单元同时包含设施和人口的统计信息，这样，我们就实现了在同一空间单元进行综合分析的目标。

3. 可视化分析

为直观地展示服务设施与人口的空间分布，需要识别出数据中的显著特征（如高密度区域或低密度区域），以便理解数据的空间分布模式及其背后的潜在影响因素。

（1）分级符号显示：修改图层的符号系统，使用分级颜色显示不同街道的设施和人口数量，以便识别出显著的高值和低值区域。

（2）热点分析：生成热点图层，识别出设施和人口的集中或稀疏区域，揭示服务设施的供需分布状态。

（3）核密度分析：计算设施的核密度分布，生成密度图层，展示设施在空间上的分布密度，这有助于识别设施的空间聚集程度。

4. 空间相关性分析

空间相关性分析旨在深入分析服务设施和人口之间的空间相关性，识别出不同设施类型与人口数量之间的关系及其在空间上的变化。

（1）普通最小二乘法（OLS）分析：建立全局线性回归模型，分析每个街道的设施数量与人口数量之间的线性关系。OLS 模型可以揭示各类设施与人口数量分布整体上的相关性趋势。

普通的线性相关性分析中存在十分常见的现象，即空间自相关与空间异质性，而地理加权回归（GWR）模型可以较好地弥补空间上造成的差异。

空间自相关：在 OLS 中，残差可能会表现出空间自相关性，即地理上接近的观测值倾向于具有相似的残差。这种空间自相关会违反 OLS 的标准假设，导致标准误估计不准确，从而影响模型的统计推断。GWR 通过局部建模可以减少或消除空间自相关的影响。

空间异质性：OLS 假设模型参数在整个研究区域内是固定不变的，但实际情况是，不同地区可能存在不同的空间过程和关系。GWR 通过在每个地理位置上估计不同的参数，能够揭示这种空间异质性。

（2）地理加权回归（GWR）分析：在发现 OLS 全局模型中存在显著的空间异质

性后，可进一步应用 GWR 分析。GWR 能够揭示不同街道之间的局部相关性差异，识别出在武汉市行政街道区划内，哪些地区的设施对人口的影响更为显著或不显著。

5. 结果解读

通过对武汉市设施分布与人口需求匹配程度的评价，为未来的城市规划和设施分布优化提供建议。结合 OLS 和 GWR 的分析结果，评估各类设施的分布与人口的匹配情况，提出设施配置的优化建议。

具体实验流程如图 9.1 所示。

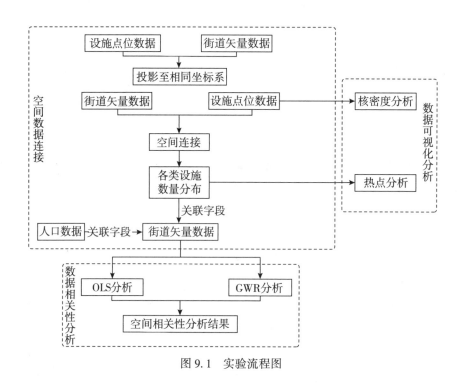

图 9.1　实验流程图

五、模型结构

图解建模是指用直观的图形语言将一个具体的过程模型表达出来。在这个模型中分别定义不同的图形代表输入数据、输出数据、空间处理工具，它们以流程图的形式进行组合并且可以执行空间分析操作功能。如图 9.2 所示。

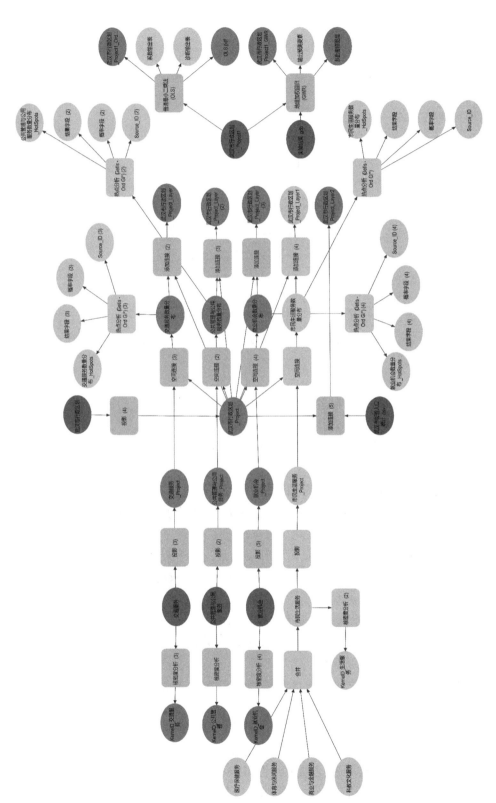

图9.2 模型结构图

六、操作步骤

1. 数据准备

1)导入数据

打开 GeoScene Pro，创建一个新的工程，命名为"空间计量分析"，使用【添加数据】工具将所有实验数据导入项目中(图9.3)。

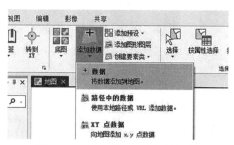

图9.3　"添加数据"步骤导航栏

2)合并数据

进行此步骤之前，需要了解多元线性回归分析中的一类常见问题——多重共线性(Multicollinearity)，这是进行【合并数据】的主要目的。

多重共线性是多元线性回归分析中常见的一个问题，指的是模型中的自变量(解释变量)之间存在较高的线性相关性。

当多重共线性发生时，它会给模型的估计和解释带来以下几个方面的问题：

(1)参数估计的不稳定性：多重共线性会导致回归系数的估计变得不稳定，小的数据变动可能导致估计值发生较大的变化。

回归系数：反映解释变量与因变量之间的关系，符号为负，关系为负向；符号为正，关系为正向，也反映了解释变量与因变量之间的关系强度，数值越大，说明强度越大，单位变量内产生的影响更大。

(2)影响系数的显著性检验：在多重共线性的情况下，自变量的显著性检验可能失去意义，因为高度相关的变量会使得 T 检验的标准误变大，从而无法准确判断某个自变量对因变量的实际影响是否显著。

显著性检验：回归分析中的显著性会在数值中用"＊"表示，代表该解释变量与因变量之间存在显著相关，具有正向研究意义。

(3)回归系数的解释困难：当自变量之间存在共线性时，它们对因变量的独立影响变得难以区分，这使得回归系数的解释变得复杂和模糊。

(4)模型预测能力下降：虽然多重共线性可能不会影响模型的拟合优度(如 R^2 值)，但它会降低模型的预测能力，因为在新数据上，共线性问题可能导致预测结果的方差增大。

R^2(多重可决系数)：用来表达模型的拟合优度，数值通常为 0~1，越接近 1，说明模型的拟合效果越好。

(5)参数估计的多重解：在极端情况下，多重共线性可能导致回归方程的参数估计没有唯一解，使得模型失效。

为了检测多重共线性，可以采用以下几种方法：

(1)相关系数矩阵：检查自变量之间的相关系数，如果相关系数非常高，则可能存在共线性问题。

(2)方差膨胀因子(VIF)：VIF 值大于 10 表明可能存在共线性问题，VIF 值越高，共线性越严重。通常情况下，所有解释变量的 VIF 值应小于 7.5。方差膨胀因子是本实验在检验 OLS 模型时所参考的(实验结束后在报告里能找到对应数值)。

VIF：用于测量解释变量中的冗余，表示有问题的多重共线性。通常，大于 7.5 的 VIF 值关联的解释变量应从回归模型中移除或与其他变量合并，直至所有解释变量计算得到的 VIF 值小于 7.5。

(3)特征值和条件数：通过计算自变量相关矩阵的特征值和条件数，可以评估共线性的严重程度。

理解并妥善处理多重共线性对于确保回归分析结果的准确性和可靠性至关重要。解决多重共线性的方法包括：

(1)增加样本量：更多的数据可能有助于减轻共线性的影响；

(2)剔除变量：删除一些高度相关的自变量；

(3)合并变量：合并相关变量(这是本实验采用的方法)。

在本实验中，为解决多重共线性问题，提高相关性分析的准确性，我们采取"合并变量"的方法来解决这一问题。

使用【数据管理工具】|【常规】|【合并】工具(图 9.4)，将【科教文化服务】【商业与金融服务】【生活服务】【体育与休闲服务】【医疗保健服务】五类数据合并为【市民生活服务】数据。

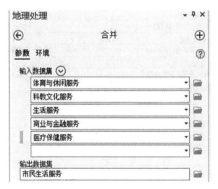

图 9.4 【合并】操作界面

3）投影

使用【数据管理工具】|【投影和变换】|【投影】工具（图 9.5），将"武汉市行政区划"和"市民生活服务"等所有导入图层转换为相同的投影坐标系，确保分析结果的准确性。（可自主选取合适的投影坐标系，本例中使用的是 UTM 投影坐标系，图 9.5 以武汉市行政区划为示例。）

图 9.5 【投影】操作界面

2. 数据处理

1）统计各类设施的空间分布数量

打开【分析工具】|【空间连接】（图 9.6）。选择"武汉市行政区划_Project"作为【目标要素】，四类投影后的服务设施数量分布图层为【连接要素】（该步骤需要将操作重复四次，将四类服务分布分别一一连接），【输出要素】根据具体的连接要素进行命名，

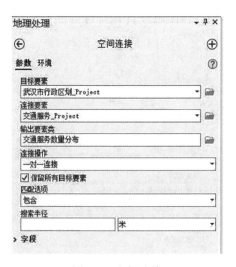

图 9.6 空间连接

【连接操作】为一对一连接，勾选保留所有目标要素，匹配选项为"包含"，点击【运行】。下面以"交通服务_Project"示例。

2）空间分布数量与街道区划连接

【空间连接】运行结束后，打开得到的四个数量分布要素图层的【属性表】（图9.7），右键单击"Join_Count"，选择【字段】，将四个图层的属性表都分别更改字段名称以匹配对应的设施名称后，点击【保存】（图9.8）。

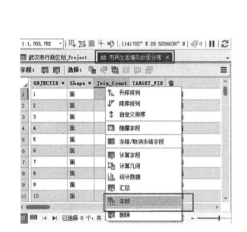

图9.7　打开【字段】属性　　　　　　图9.8　更该字段名称

再次右键单击"武汉市行政区划_Project"，选择【连接与关联】|【添加连接】，将各个设施的数量分布连接到各个街道。图9.9以"就业机会数量分布"为示例。

3）人口数据与武汉市行政区划连接

右键单击"武汉市行政区划_Project"，选择【连接与关联】|【添加连接】，填写页面如图9.10所示。

3. 数据可视化

打开"武汉市行政区划_Project"的符号系统（图9.11），选择【分级色彩】，【字段】为"总人口"，展示每个街道单元的人口分布情况（图9.12）。

依次打开各个设施数量分布图层的符号系统（图9.13、图9.14、图9.15、图9.16），同样修改分级字段，以展示各个设施数量的分布情况。

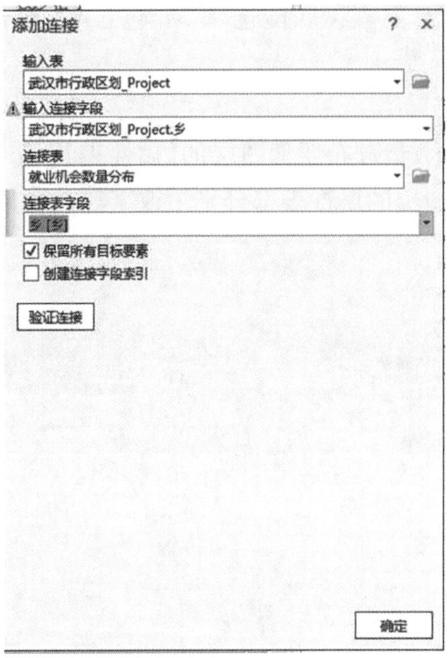

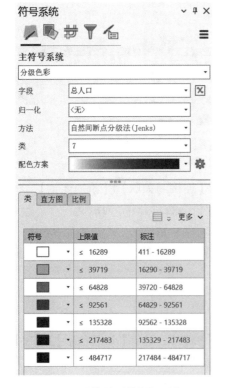

图 9.9　"就业机会数量分布"界面

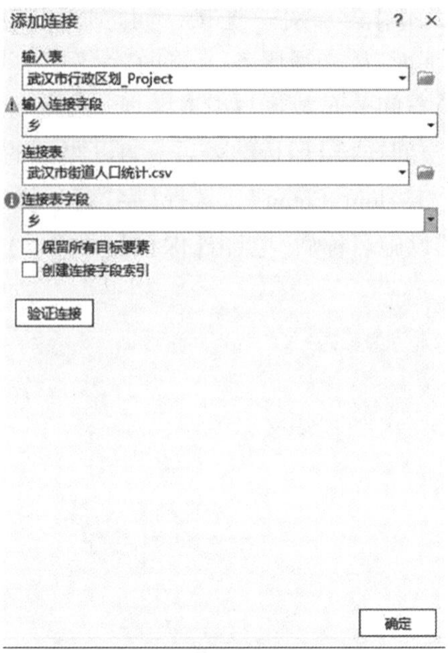

图 9.10　"武汉市街道人口统计.csv"界面

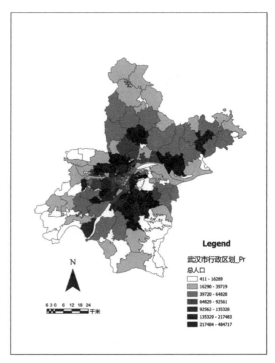

图 9.11　【符号系统】设置界面

图 9.12　武汉市人口分布图

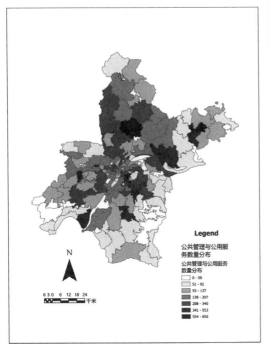

图 9.13　公共管理设施分布图

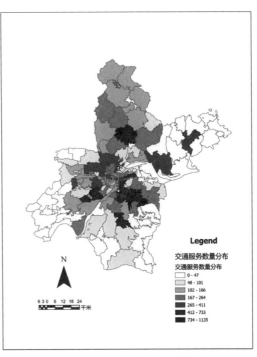

图 9.14　交通服务设施分布图

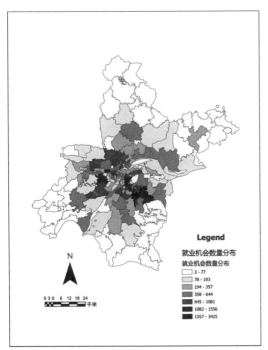

图 9.15　就业机会分布图

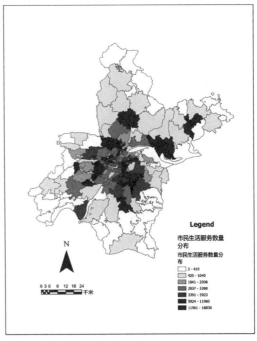

图 9.16　市民生活服务设施分布图

4. 空间格局分析

1) 热点分析

打开【空间统计工具】|【聚类分布制图】|【热点分析】，对各个设施数量分布情况进行分析，生成热点图层，展示服务设施的集中区域和稀疏区域。图9.17以"市民生活服务数量分布"为示例，对于其他三个服务设施分布图层也需采用同一个方法进行分析。

2) 核密度估计

打开【空间分析工具】|【密度分析】|【核密度分析】，对各个"设施点"的分布情况进行分析，生成核密度图层，展示空间密度分布。

图9.18以"公共管理与公用服务_Project"为示例，对于其他三个服务设施分布图层也需采用同一个方法进行分析。

图9.17 【热点分析】设置界面　　图9.18 【核密度分析】设置界面

3) 结果查看

☆热点分析

此工具用于识别具有统计显著性的高值(热点)和低值(冷点)的空间聚类。

(1) 工作原理：查看邻近要素环境中每一个要素，高值要素容易引起注意，但可能不是具有显著统计学意义的热点。成为具有显著统计意义的热点需要要素具有高值，且被其他同样具有高值的要素所包围。

【Z得分】：某个要素及其相邻要素的局部综合将与所有要素的总和进行比较，当局部综合与所预期的局部综合有很大差异，以至于无法成为随机产生的结果时，将产生一

140

个具有显著统计学意义的 Z 得分。Z 得分越高，高值的聚类越紧密，即热点；Z 得分越低，低值的聚类越紧密，即冷点。

（2）数据解释：

GiZScore：表示 Z 得分，标准分数，反映要素的离散程度。数值大的区域表示聚集效应明显，数值小的区域表示离散效应明显。

GiPValue：代表的是 P 值，即概率，反映某一事件发生的可能性大小。在进行空间相关性分析时，P 值表示所观测到的空间模式是由某一随机过程创建而成的概率。P 值大小可反映是否拒绝零假设，若 P 值小于 0.1，则可认为数据集拒绝零假设，即出现了小概率事件。

Gi_Bin：识别统计显著性的热点和冷点。置信区间+3 到-3 中的要素反映置信度为99% 的统计显著性；置信区间+2 到-2 中的要素反映置信度为 95% 的统计显著性；置信区间+1 到-1 中的要素反映置信度为 90% 的统计显著性；而置信区间 0 中要素的聚类则不具有统计显著性。置信度分配表见表 9.2。

表 9.2 置信度分配表

Z 得分（标准差）	P 值（概率）	置信度
<-1.65 或>+1.65	<0.10	90%
<-1.96 或>+1.96	<0.05	95%
<-2.58 或>+2.58	<0.01	99%

可修改"HotSpots"的符号系统，选择"GiZScore"展示数据的离散程度，选择"Gi_Bin"展示数据的热点与冷点统计显著性。

（3）结果分析：

通过分析结果图 9.19、图 9.20、图 9.21、图 9.22，发现交通服务设施的冷点分布集中于江夏区与蔡甸区，热点集中于洪山区、武昌区、汉阳区与蔡甸区的东北部，说明武汉市交通服务设施集中分布于城市中心的东侧，而城市边缘与部分待开发工业区的交通服务设施较为离散，其余区域的热点与冷点显著性不强，分布较为均衡。市民生活服务无明显的冷点分布，冷点分布与交通服务设施的冷点分布相近，热点分布范围较广，集中于长江沿江两岸的市中心，在东南部的江夏区也有局部的集中分布。就业机会无明显冷点分布，只有一处置信度为 90% 的较冷点，位于新洲区潘塘街道，就业机会的热点分布与市民生活服务设施热点分布类似，位于武昌区、洪山区、江汉区、江岸区与汉阳区。公共管理的热点分布较为分散，涵盖洪山区、武昌区、黄陂区等区域，冷点区域在蔡甸区消泗乡附近以及青山区的白玉山街道周边有集中分布。

总结来看，武汉市内大部分区域各类服务设施点分布较为均衡。热点分布集中于武昌区与洪山区，位于城市中心东南侧。冷点集中分布于洪山区八吉府街道与青山区白玉山街道附近，说明这些区域各类设施配备不齐全。

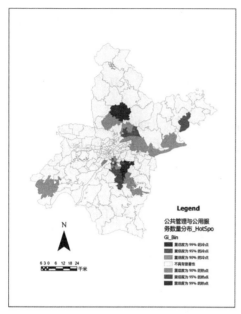

图 9.19　公共管理热点分布

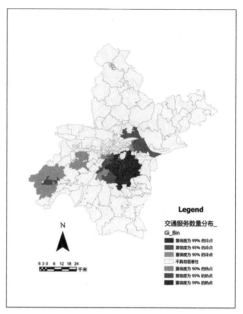

图 9.20　交通服务热点分布

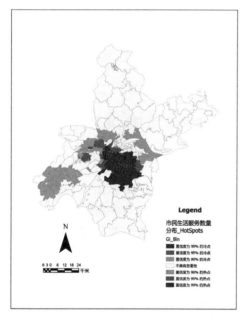

图 9.21　市民生活设施热点分布

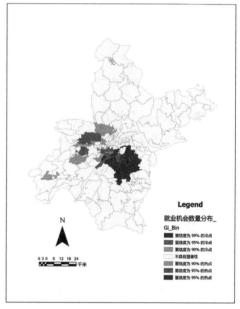

图 9.22　就业机会热点分布

☆核密度分析

核密度分析工具用于计算要素在其周围邻域中的密度。

（1）工作原理：

每个要素点上方均覆盖着一个平滑曲面。在点所在位置处表面值最高，随着与点的距离的增大表面值逐渐减小，在与点的距离等于搜索半径的位置处表面值为零。"Population"

字段选项可赋予要素特定的字段特定的权重值以表达要素的重要性或影响程度。

（2）结果分析：

简单的栅格数据，根据图层，数值越大的区域要素密度越高。

分析发现，武汉市各类设施呈现由中心向周边辐射的分布特征，公共管理设施分布密度最为均衡，交通服务次之，交通服务与生活服务分布集中于市中心区，数量多，密度高（图9.23、图9.24、图9.25、图9.26）。

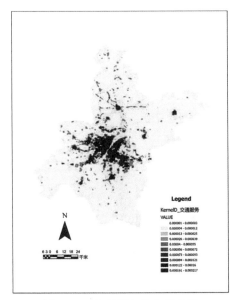

图 9.23　交通服务核密度分析

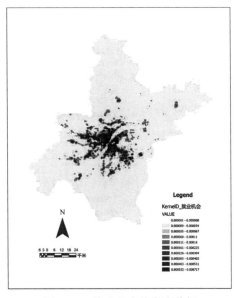

图 9.24　就业机会核密度分析

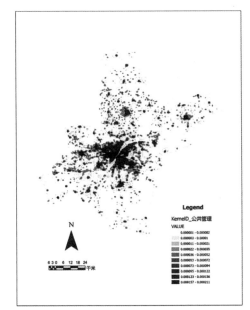

图 9.25　公共管理核密度分析

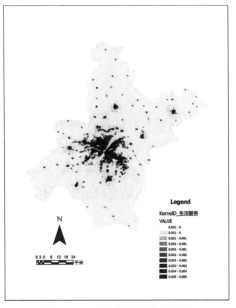

图 9.26　生活服务核密度分析

143

5. 普通最小二乘回归(OLS)分析

1)数据准备

确保"武汉市行政区划_Project"图层包含街道人口数量和服务设施数量分布字段。将"武汉市行政区划_Project"导出为"武汉市行政区划_Project1",在"武汉市行政区划_Project1"属性表中新建字段"新ID",并且计算该字段,计算为匹配原有"武汉市行政区划_Project"中的"OBJECTID"字段(图9.27)。

图9.27　【计算字段】(1)设置界面

打开"武汉市行政区划_Project1"属性表,新建各个服务设施对应的"xx替换"字段,新建完成后,对所有设施的数量分布字段进行【计算字段】,以减小数据冗余度。图9.28以"公共管理与公用服务数量分布"字段为示例。注意所有计算完成后,将此次字段计算中得到的空值结果赋值为0,随后点击【保存】。

2)构建OLS模型

打开【空间统计工具】|【空间关系建模】|【普通最小二乘法(OLS)】工具,设置参数如图9.29所示。【解释变量】为各个设施数量分布情况,【因变量】为"总人口",【运行】OLS分析,生成回归模型结果。

图 9.28 【计算字段】(2)设置界面

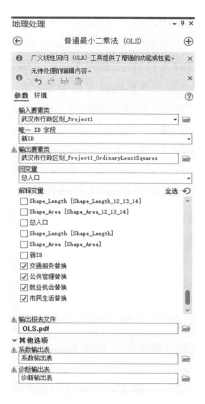

图 9.29 OLS 分析

3)查看 OLS 结果

打开"武汉市行政区划_Project1_OrdinaryLeastSquares"属性表,检查 OLS 实验得到的数据结果。另外,得到一份 PDF 与两个表格文件,PDF 为结果汇总,表格分别为"系数输出表"与"诊断输出表",关注变量系数、R^2 值、AICc 值、P 值等关键数值,以评估模型的拟合效果和相关性模拟情况(图 9.30)。

图 9.30 OLS 分析结果

4)OLS 结果解释

分析 OLS 模型的全局关系,解释人口数量与生活服务设施数量之间的关联。

(1)数据解释:

R^2(多重可决系数):用来表达模型的拟合优度,数值通常为 0.0~1.0,越接近 1,说明模型的拟合效果越好。由于 R^2 大部分的变化存在假象,通常使用 Adjusted R^2(校正可决系数)作为模型拟合度的一种衡量数值。

AICc：用于检验模型的拟合优度，是模型性能的一种度量，有助于比较不同的回归模型。考虑到模型复杂性，具有较低 AICc 值的模型将更好地拟合观测数据。若两种模型之间的 AICc 数值相差 3 以上，可说明更小的数值的模型拟合优度明显更高。

VIF：用于测量解释变量中的冗余，表示有问题的多重共线性。通常，大于 7.5 的 VIF 值关联的解释变量应从回归模型中移除或与其他变量合并，直至所有解释变量计算得到的 VIF 值小于 7.5。

Coefficient（系数）：反映解释变量与因变量之间的关系，若符号为负，则关系为负向；若符号为正，则关系为正向，也反映了解释变量与因变量之间的关系强度。

P 值（概率）：说明变量的显著性，通常与 0 比较，带有"＊"号，说明有较强的显著性，数值越低，显著性越强。可参考热点分析中的 P 值进行理解，意思大致相同。

联合 F 统计量和联合卡方统计量：评估模型是否具有显著性。对于 P 值小于 0.05 的模型，标有"＊"号，具有统计显著性。

Koenker（BP）统计量：用于确定模型的解释变量是否在地理空间和数据空间中都与因变量具有一致的关系，若具有显著的非稳态性（带有"＊"号），则说明模型的异方差性存在问题。具有统计显著性非稳态的回归模型很适合进行 GWR 回归分析。若 Koenker（BP）显著，可参考 Robust_Pr 的显著性，进一步确定各个解释变量的非稳态性强度。

Jarque-Bera 统计量：检验残差（已知的因变量值减去预测或估计值）是否呈正态分布。

（2）结果分析：

根据检验结果，本次 OLS 模型中"AdjR^2"为 0.5 左右，说明解释变量模型可以解释 50%左右的因变量。结果中所有解释变量的 VIF<7.5，说明数据不存在冗余，解决了多重共线性问题。

所有变量均具有较强 P 值显著性，可以拒绝零假设，非随机性强。

解释变量与因变量的相关性：交通服务设施数量与人口数量为负相关性，即人口越多的地方，交通服务设施数量越少；其余三个变量，公共管理、就业机会与市民生活服务都与人口数量呈正相关，其中，就业机会与人口数量之间的关系强度最大。

"Koenker（BP）统计量"具有较强显著性，进一步分析"Robust_Pr"数值，交通服务、就业机会与市民生活服务均具有显著性，公共管理设施数量不具有显著性（图 9.31、图 9.32）。

变量	系数[a]	标准差	t统计量	概率[b]	Robust_SE	Robust_t	Robust_Pr[b]	VIF[c]
数距	−194859.6381	24904.216922	−7.824363	0.000000＊	41671.837704	−4.676051	0.000007＊	--------
交通服务替换	−27845.06957	11503.353698	−2.420604	0.016462＊	9867.217057	−2.821978	0.005301＊	2.235513
公共管理替换	16214.419040	7208.606386	2.249314	0.025673＊	9020.140254	1.797579	0.073897	2.956639
就业机会替换	18664.423105	4890.272999	3.816642	0.000193＊	5561.824716	3.355809	0.000973＊	3.240260
市民生活替换	16404.966769	5363.386759	3.058695	0.002564＊	4345.414564	3.775236	0.000224＊	4.993056

图 9.31 OLS 结果汇总

输入要素	武汉市行政区划_Project	因变量	总人口
观测值个数	188	阿凯克信息准则(AICe)['d']	4603.275987
R 平方的倍数['d']	0.515494	校正 R 平方['d']	0.504904
联合 F 统计量['e']	48.676115	Prob(>F,(4,183)自由度	0.000000*
联合卡方统计量['e']	79.385056	Prob(>卡方),(4)自由度	0.000000*
Koenker(BP 统计量['f']	16.696837	Prob(>卡方),(4)自由度	0.002213*
Jarque-Bera 统计量['g']	590.949737	Prob(>卡方),(2)自由度	0.000000*

图 9.32　OLS 结果诊断

6. 地理加权回归(GWR)分析

1)构建 GWR 模型

打开【空间统计工具】|【空间关系建模】|【地理加权回归】。填写参数如图 9.33 所示。

图 9.33　【GWR 分析】设置界面

2)GWR 分析结果查看

运行完毕,默认显示"Std. Residual"字段图层,右键单击打开"武汉市行政区划_Project1_GWR"图层的属性表,可以查看分析结果,结果还包含三个图表与各个解释变量的系数栅格拟合结果(图9.34)。

具体数据结果可调整"武汉市行政区划_Project1_GWR"图层的符号系统选择性显示查看。

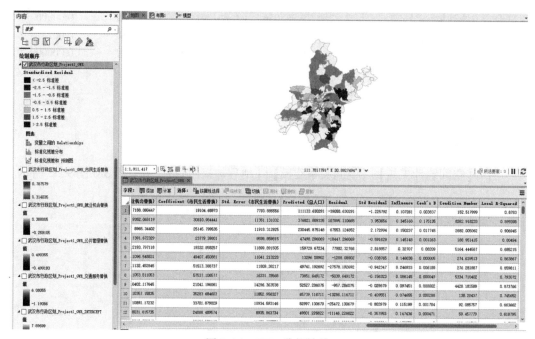

图9.34　GWR分析结果

3)GWR结果解释

在GWR中,每个要素的方程都是由邻近的要素计算得到的,形成了多个局部线性回归模型。

(1)数据解释:

Coefficient(系数):GWR最大的不同在于能给出在每个局部要素上因变量与自变量之间的系数值,即空间上的线性相关性。系数数据本身在此处的意思与在OLS中的意思相同。

Standard Error Coefficient(各自变量系数标准误):用于衡量每个系数估计值的可靠性。标准误与实际系数值相比较小时,这些估计值的可信度会更高。较大标准误差可能表示局部多重共线性存在问题。

Predicted:对因变量的预测值,由GWR计算所得的估计因变量值。这个值一般用来和因变量进行对比,越接近,表示拟合度越高。

Residual:残差,就是观测值与预测值的差(因变量的实际值与预测值的差)。

Std. Residual(标准化残差):标准化残差的平均值为零,标准差为1。需要检查超过2.5倍标准化残差的地方(小于-2.5或大于2.5),这些值可能存在问题。

Local R-Squared:代表局部模型的R^2,大小为0.0~1.0,表示局部回归模型与观测所得因变量的拟合程度。如果值非常低，则表示局部模型性能不佳。

其余数值(例如 R^2 与 AICc)与 OLS 中的数值意义相同，此处不做赘述。

(2)结果分析：

诊断结果显示，GWR 模型的 AdjR^2 与 AICc 分别为 0.77 与 4510，相较于 OLS 中对应的数值 0.50 与 4603，均有明显的改善，说明 GWR 模型的拟合程度优于 OLS 模型，地理加权回归分析具有正向意义。

标准残差情况存在一个低于-2.5与 5 个高于 2.5 的地区，其余地区属于正常范围，说明绝大部分地区的结果较为可靠(图 9.35、图 9.36)。

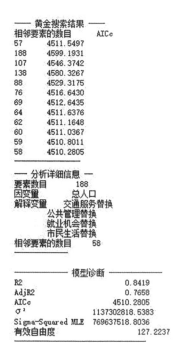

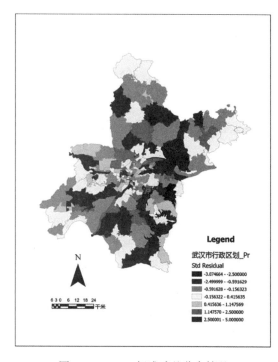

图 9.35　GWR 模型诊断结果　　　　图 9.36　GWR 标准残差分布情况

设置 GWR 图层的符号系统，分类别显示各类设施与人口之间关系系数分布情况，深蓝色区域代表低数值，即负相关性强，绝对值越大强度越大。颜色更浅更亮的区域表示高数值，即正相关性强，数值越大强度越大。同时，GWR 还生成了各类设施对应的栅格分析结果，可通过调整图层的符号系统后进行查看。

通过分析发现，公共管理与公共服务设施在武汉市区北部地区与人口数量分布明显呈正相关，而这些区域现有的此类设施分布热点少，密度也少；同样，武汉东侧部分的相关性指数较高，但无热点分布。市中心武昌区与洪山区片区，公共管理设施与人口数量呈负相关，但热点分布较为密集，密度也高，说明可以适当减少此处的公共管理设施。(图 9.37、图 9.38)

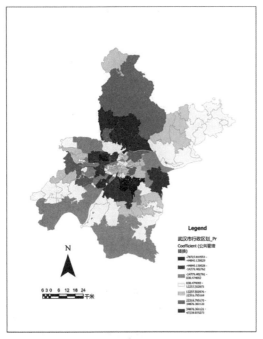
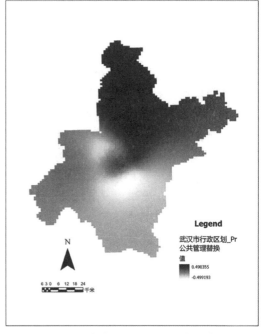

<table>
</table>

图 9.37　公共管理设施地区相关性　　　　图 9.38　公共管理设施地区相关性(栅格)

进一步分析交通服务设施与地区人口数量的相关性，武汉市区中心及西部地区为明显的正相关性，但北部地区与南部地区为明显的负相关性，结合目前武汉市交通服务的热点分布情况，东部的热点较少，武昌区与洪山区中心地段的热点分布密集，说明可适当增加武汉市中心东侧的交通服务设施，提高服务水平。其余地区由于呈现明显的负相关性，可维持现状或根据具体情况适当改进。(图 9.39、图 9.40)

就业机会与人口的相关性分布区域较为清晰，东部整体为正相关，越往东部，强度越高，而西北与西南区域的相关性明显为负值，结合就业机会的热点分布现状，可增加武汉市东北部地区与东南部地区的就业机会，以促进人口增长。长江西侧地区的就业机会热点分布较多，但与人口数量分布的相关性为负值，故可以考虑将长江西侧的部分企业与单位迁至东部，以增加东部的就业机会。(图 9.41、图 9.42)

市民生活服务与人口数量分布直接相关，GWR 分析显示，在市中心区域，市民生活服务设施整体与人口数量分布呈负相关，但市民生活服务热点集中于武昌区与洪山区，说明此类要素过于集中于该地区，反而对人口增长带来了负外部性。武汉的北部与南部地区，市民生活服务设施数量无热点分布，密度也较低，但相关性呈现明显的正向性，南部地区尤为突出。可根据地区具体情况增设武汉市南部与北部地区的市民生活服务设施的数量，提升服务质量，以减轻市中心的设施与人口压力。(图 9.43、图 9.44)

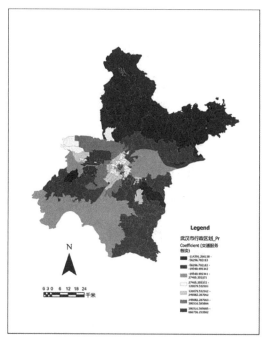

图 9.39　交通服务设施地区相关性

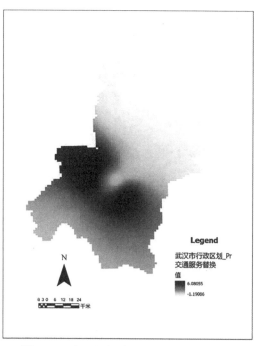

图 9.40　交通服务设施地区相关性(栅格)

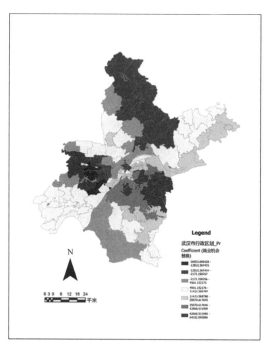

图 9.41　就业机会地区相关性

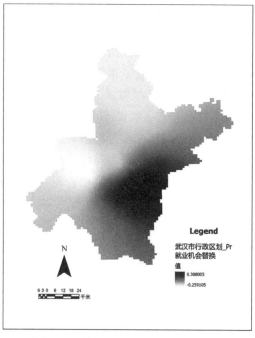

图 9.42　就业机会地区相关性(栅格)

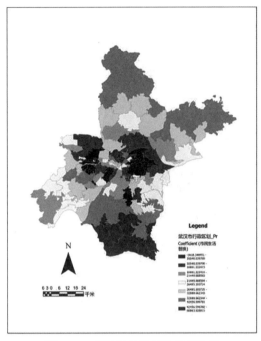

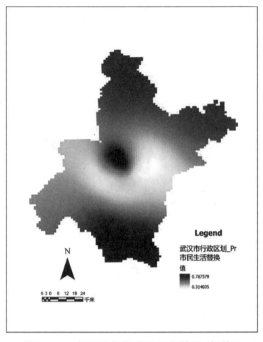

图 9.43　市民服务设施地区相关性　　　　图 9.44　市民服务设施地区相关性(栅格)

七、总结与思考

　　本实验采用定量分析的方法,对武汉市街道级别行政范围内的各类服务设施与就业机会在空间上的数量分布情况进行了分析与评价,并利用 OLS 工具,建立各类设施点与人口数量之间的线性关系。分析结果显示具有显著的非稳态性,于是进一步利用GWR 工具,建立各类设施点与各地区人口数量之间的局部线性回归模型,结合现有设施的热点分布与核密度分析结果,依据线性回归结果,提出相应的设施分布改进建议。

　　为了使模型构建更为理想,本实验首先将五类与生活服务高度相关的要素合并为一个大类要素,在数据连接之前,将各图层定义为相同的投影坐标系,以提高结果准确性。随后利用空间连接功能,赋予各类设施点街道信息,再结合人口数据,构建普通线性模型,表示各类设施与人口数量的线性相关性。最后,基于地理加权回归模型的构建原理,运用 GeoScene Pro 中的空间相关性建模工具,构建各个街道行政区内,各类设施数量与该地区人口数量的线性回归模型。结合最后的数据结果,GWR 模型的拟合优度明显高于 OLS,证明此空间分析试验具有积极意义,可为未来武汉市各类设施分配选址提供参考意见与建议。未来,我们将关注具有共性特点的人群(如老人、高知识分子等),分析城市设施分布与人群需求的供需匹配情况以及城市服务设施在空间上的分布预测等。

◎ 本实验参考文献

[1] 王爱，付伟，陆林，等 . 基于 15 分钟生活圈的住区公共服务设施配置研究[J]. 人文地理，2023，38(4)：72-80.

[2] 黄经南，朱恺易 . 基于 POI 数据的武汉市公共服务设施布局社会公平绩效评价[J]. 现代城市研究，2021(6)：24-30.

[3] 方冰轲，李旭东，程东亚 . 长江流域贵州段人口分布特征及其经济影响因素[J]. 湖南师范大学自然科学学报，2022，45(6)：41-51.

[4] 王增铮，张福浩，赵阳阳，等 . 区域地理加权回归分析方法[J]. 测绘通报，2023(12)：81-87.

实验十　基于 DEM 的地表水文分析

一、实验的目的和意义

水文分析是 DEM 数字地形分析的一个重要方面。基于 DEM 地表水文分析的主要内容是利用水文分析工具提取水流方向、汇流累积量、水流长度、河流网络、河网分级以及进行流域分割等。

二、实验内容

(1)学习 GeoScene Pro 中字段计算器、流向、汇流量等工具的使用;
(2)学习无洼地 DEM 数据生成;
(3)学习水文分析中的流向分析;
(4)学习河流河网生成及分级。

三、实验数据

本实验的相关数据见表 10.1。

表 10.1　　　　　　　　　　　　　实验数据表

数　据	类　型	数据格式
原始高程数据	面要素	.img

四、实验流程

GeoScene Pro 中进行基于 DEM 数据的水文分析,首先要进行洼地判断及填洼处理,获得无洼地 DEM 数据;然后进行流向分析和汇流量分析;最后进行河流长度和河网提取,并进行河网分级。

具体实验流程如图 10.1 所示。

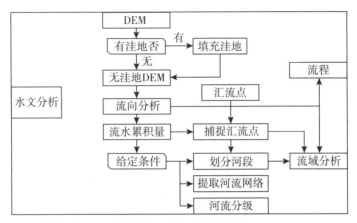

图 10.1　实验流程图

五、模型结构

图 10.2 所示为本实践选题的模型结构图。

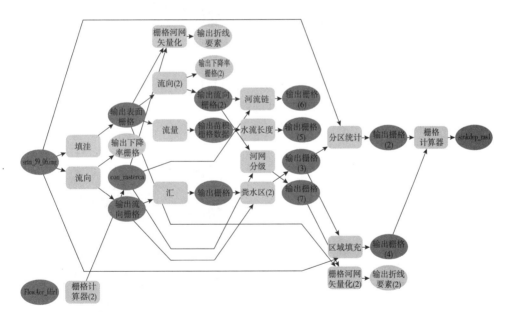

图 10.2　模型结构图

六、操作步骤

(1)打开 GeoScene Pro,单击【新建文件地理数据库(地图视图)】,命名为"水文分析"。

(2)单击导航栏中的【添加数据】(图 10.3),选择数据文件中的"srtm_59_06.img",

点击【确认】，向地图中添加 DEM 数据(图 10.4)。

图 10.3 【添加数据】步骤导航栏

图 10.4 srtm_59_06.img

(3)在右侧目录菜单搜索"流向"，打开【流向】计算工具，设置【输入表面栅格】为"srtm_59_06.img"；设置【输出流向栅格】的路径及名称为"FlowDir_srtm1"(图 10.5)，【流向类型】为"D8"；点击【运行】(图 10.6)。

图 10.5 【流向】工具设置界面

图 10.6 FlowDir_srtm1

(4)在右侧目录菜单搜索"汇"，打开【汇】工具，设置【输入 D8 流向栅格】为"FlowDir_srtm1"，设置【输出栅格】数据的文件名为"Sink_FlowDir1"(图 10.7)；点击【运行】(图 10.8)。

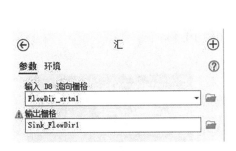

图 10.7 【汇】工具界面   图 10.8 Sink_FlowDir1

（5）在右侧目录菜单搜索"集水区"，打开【集水区】工具（图10.9），它用来计算洼地的贡献区域。设置相关参数：【输入D8流向栅格】为"FlowDir_srtm1"；【输入栅格数据或要素倾泻点数据】为"Sink_FlowDir1"；【倾斜点字段】为"Value"；【输出栅格】命名为"Watersh_Flow1"；点击【运行】（图10.10）。

（6）在右侧目录菜单搜索"分区统计"（图10.11），打开【分区统计】工具。其次，设置相关参数：【输入栅格数据或要素区域数据】为"Watersh_Flow1"；【输入赋值栅格】为"srtm_59_06.img"；【输出栅格】为"ZonalSt_Wate1"；【统计类型】为"平均值"；勾选【在计算中忽略NoData】；点击【运行】（图10.12）。

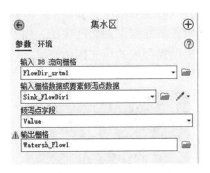

图 10.9 集水区工具界面   图 10.10 Watersh_Flow1

图 10.11 分区统计工具界面   图 10.12 ZonalSt_Wate1

(7)在右侧目录菜单搜索"区域填充"(图 10.13),打开【区域填充】工具。其次,设置【输入区域栅格数据】为"Watersh_Flow1";【输入权重栅格】为"srtm_59_06. img";【输出栅格】为"ZonalFi_Wate1";点击【运行】(图 10.14)。

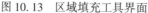

图 10.13 区域填充工具界面

图 10.14 ZonalFi_Wate1

(8)在右侧目录菜单搜索"栅格计算器",打开【栅格计算器】工具(图 10.15)。其次,在文本框里面输入 sinkdep = (" ZonalFi_Wate1 " - " ZonalSt_Wate1 "),其中 ZonalFi_Wate1,ZonalSt_Wate1 可以通过在地图代数表达式中选取。然后,将【输出栅格】命名为"sinkdep_ras";点击【运行】。

通过以上步骤,就可得到所有洼地贡献区域的洼地深度,如图 10.16 所示。通过对研究区地形的分析,可以确定出哪些洼地区域是由数据误差而产生的,哪些洼地区域又真实地反映了地表形态,从而根据洼地深度来设置合理的填充阈值。

图 10.15 栅格计算器界面

图 10.16 sinkdep_ras

(9)在右侧目录菜单搜索"填洼",打开【填洼】工具(图 10.17),设置参数:【输入表面栅格】为"srtm_59_06. img";【输出表面栅格】为"Fill_srtm_591"。同时在环境设置中将并行处理因子设置为 0;点击【运行】(图 10.18)。当一个洼地区域被填平之后,这个区域与附近区域再进行洼地计算,可能还会形成新的洼地。因此,洼地填充是一个不断反复的过程,直到所有的洼地都被填平,新的洼地不再产生为止。

图 10.17　填注工具界面

图 10.18　Fill_srtm_591

（10）基于无洼地 DEM 的水流方向的计算。计算过程同上一节水流方向的计算一样，使用的 DEM 数据是无洼地 DEM："Fill_srtm_591"。将生成的水流方向文件命名为"fdirfill"（图 10.19）；在得到水流方向之后，可以利用水流方向数据计算汇流累积量。

图 10.19　fdirfill

（11）在右侧目录菜单搜索"流量"，打开【流量】工具（图 10.20）。设置【输入流向栅格】为"fdirfill"；【输出蓄积栅格数据】为"FlowAcc_fdir"；【输出数据类型】为"浮点型"；【输入流向类型】为"D8"；点击【运行】，结果见图 10.21。

图 10.20　流量工具界面

图 10.21　FlowAcc_fdir

159

（12）在右侧目录菜单搜索"水流长度"，打开【水流长度】工具（图 10.22）。设置【输入流向栅格】为"fdirfill"；【输出栅格】为"FlowLen_fdir"；【测量方向】为"下游"；点击【运行】，结果见图 10.23。

图 10.22　水流长度工具设置　　　　　图 10.23　FlowLen_fdir

（13）在右侧目录菜单搜索"栅格计算器"（图 10.24），经过反复尝试选定阈值 100，输入：Con（"FlowAcc_fdir1">100，1）。设置【输出栅格】为"streamnet"；点击【运行】，获得河流栅格数据（图 10.25）。

图 10.24　栅格计算器工具设置　　　　图 10.25　streamnet

（14）在右侧目录菜单搜索"栅格河网矢量化"（图 10.26），设置相关参数：【输入河流栅格】为"Streamnet"。输入由无洼地 DEM 计算出来的：【输入流向栅格】为"fdirfill"，【输出折线要素】为"streamT_streamn2"，勾选"简化折线"；点击【运行】，结果见图 10.27。

（15）在右侧目录菜单搜索"河流链"（图 10.28），打开【河流链】工具，设置相关参数：【输入河流栅格】为"Streamnet"；【输入流向栅格】为"fdirfill"；【输出栅格】为"StreamL_stre"；点击【运行】，结果见图 10.29。

图 10.26 栅格河网矢量化工具设置

图 10.27 streamT_streamn

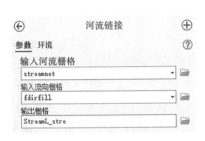

图 10.28 【河流链接】工具设置

图 10.29 StreamL_stre

（16）在右侧目录菜单搜索"河网分级"（图 10.30），打开【河网分级】工具；设置相关参数：【输入河流栅格】为"streamnet"；【输入流向栅格】为"fdirfill"；【河网分级方法】为"放射状/发射状"，将【输出栅格】命名为"StreamO_stre1"；点击【运行】，结果见图 10.31。

图 10.30 河网分级工具设置

图 10.31 StreamO_stre1

（17）在右侧目录菜单搜索、打开【栅格河网矢量化】工具（图 10.32），设置【输入河流栅格】为"StreamO_stre1"；【输入流向栅格数据】为"fdirfill"；【输出折线要素】为

"smotrfeat. shp"；勾选【简化折线】；点击【运行】。

图 10.32　栅格河网矢量化工具设置

（18）调整"smotrfeat. shp"图层的符号系统设置，并与高程数据"strmdem_59_6"叠加显示，获得该地区的河网系统分析图。

七、总结与思考

本实验基于 DEM 数据，通过【水文分析】工具提取水流方向、汇流累积量、水流长度、河流网络、河网分级以及流域分割，对该区域进行水文分析。具体分析图如图10.33 所示。

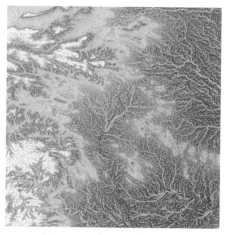

图 10.33　河网系统分析图

（1）DEM 中的洼地有两种情况：数据误差，源于采集和处理地表真实形态的反映。首先找出洼地，计算洼地深度，以判断洼地的情形，然后设置合理的阈值进行洼地填充。洼地填充是无洼地 DEM 生成的最后一个步骤。通过洼地提取之后，可以了解原始的 DEM 上是否存在着洼地，如果没有洼地存在，原始 DEM 数据就可以直接用来进行河网生成、流域分割等。而洼地深度的计算又为在填充洼地时设置填充阈值提供了很好的参考。当一个洼地区域被填平之后，这个区域与附近区域再进行洼地计算，可能还会形成新的洼地。因此，洼地填充是一个不断反复的过程，直到所有的洼地都被填平，新的洼地不再产生为止。

（2）判断水流方向的基本原理是水往低处流。计算中心 Cell 与周围 8 个 Cell 高程落差，寻找最大坡降。最大坡降 Cell 与中心 Cell 之间由高到低的方向即为水流方向。

（3）采用数值矩阵表示区域地形每个 Cell 的流水累积量。以规则格网表示的 DEM 每个 Cell 处有一个单位的水量，按照自然水流从高处流往低处的自然规律，根据区域地形的水流方向数据计算每个 Cell 处所流过的水量数值得到该区域的汇流累积量。

（4）水流长度指地面上一点 Cell 沿水流方向到其流向起点间的最大地面距离在水平面上的投影长度。水流长度直接影响地面径流的速度，进而影响地面土壤的侵蚀力，其提取与分析在水土保持工作中有很重要的意义。目前，在 GeoScene Pro 中水流长度的提取方式主要有两种：顺流计算和溯流计算。顺流计算是计算地面上每一点沿水流方向到该点所在流域出水口的最大地面距离的水平投影；溯流计算是计算地面上每一点沿水流方向到其流向起点的最大地面距离的水平投影。

（5）Streamlink 记录着河网中的一些节点之间的连接信息。Streamlink 的每条弧段连接着两个作为出水点或汇合点的节点，或者连接着作为出水点的节点和河网起始点。通过 Streamlink 的计算，即可得到每一个河网弧段的起始点和终止点。同样，也可以得到该汇水区域（流域）的出水口。

（6）河网分级是对一个线性的河流网络以数字标识的形式划分级别。在地貌学中，对河流的分级是根据河流的流量、形态等因素进行的。不同级别的河网所代表的汇流累积量不同，级别越高，汇流累积量越大，一般是主流；而级别较低的河网一般则是支流。

（7）流域（Watershed）又称集水区域，是指流经其中的水流和其他物质从一个公共的出水口排出从而形成的一个集中的排水区域，也可以用流域盆地（Basin）、集水盆地（Catchment）等来描述。流域显示了每个流域汇水区域的大小，流域间的分界线即为分水岭。

（8）一定范围内汇流累积量较高的栅格点，即为小级别流域的出水口。若没有出水点的栅格或矢量数据，可利用已生成的 SteamLink 作为汇水区的出水点。

（9）GeoScene Pro 中，水流方向采用 D8 算法，即通过计算中心栅格与邻域栅格的最大距离权落差来确定。距离权落差是指中心栅格与邻域栅格的高程差除以两栅格间的距离，栅格间的距离与方向有关，如果栅格的方向值为 2、8、32、128，则栅格间的距离为 4 倍的栅格大小，否则距离为 1。

运用 GeoScene Pro 和 DEM 数据提取流域水文特征信息的方法具有速度快、方便的特点，能广泛应用于流域水文分析，为水资源管理提供技术支持。但不同分辨率的 DEM 数据可能会对提取的河网结果产生影响，并造成与实际情况的差异。阈值的设定对流域河网的提取具有较大的影响，不同的阈值提取的河网不同，阈值越小，河网越稠密；阈值越大，河网越稀疏。

◎ **本实验参考文献**

[1]汤国安，杨昕．ARCGIS 地理信息系统空间分析实验教程[M]．2 版．北京：科学出版社，2006．

[2]周婕，牛强．城乡规划 GIS 实践教程[M]．北京：中国建筑工业出版社，2017．

[3]王云，梁明，汪桂生．基于 ArcGIS 的流域水文特征分析[J]．西安科技大学学报，2012，32(5)：581-585．